별먼지와 잔가지의

과학
인생
학교

별먼지와 잔가지의

과학
인생
학교

과학 공부한다고
인생이 바뀌겠어?

이명현 × 장대익

사이언스
SCIENCE
BOOKS

찰스 다윈에게

그리고

칼 세이건에게

시작하며

세상은 과학자들에게 묻습니다. 핵폭발의 원리를 설명해 주세요. 암세포가 생기는 이유를 설명해 주세요. 올해 여름은 왜 이렇게 더운지 설명해 주세요……. 과학 공부를 조금 해 본 사람들의 질문은 난이도가 좀 더 높습니다. 빅뱅 이전에는 무엇이 있었을까요? 우주에는 끝이 있을까요? 생명은 어떻게 시작되었나요? 1만 년 후에 호모 사피엔스(*Homo sapiens*)가 어떻게 진화할지 과학은 예측할 수 있나요?

현실적 질문들도 있습니다. 한국의 초저출산 문제의 원인과 처방에 대해 과학은 무슨 얘기를 해 줄 수 있을까요? 기후 위기인데도 왜 사람들은 해결하려는 행동을 하지 않을까요? 이것도 과학적으로 설명이 가능한가요?

그렇습니다. 과학에 친숙한 사람이든 문외한이든, 그들에게 과학의 일차적 역할은 자연과 인간 세계에 대한 일종의 '설명(explanation)'입니다. 사람들은 과학자에게 설명을 요구하고 과학자는 그 설명을 얻어 내기 위해 끊임없이 탐구합니다.

그런데 사람들은 과학자들에게 다음과 같은 유형의 질문들은 거의 던지지 않습니다. 과학이 우리의 삶에 어떤 의미가 있나요? 과학은 종교나 철학이 우리에게 주는 위안 같은 것을 줄 수 있나요? 과학적 세계관을 가지면 더 행복해질 수 있나요? 과학 공부를 하면 인생을 바꿀 수 있나요?

즉 사람들은 과학이 무언가를 '설명'해 줄 수는 있어도 자신의 인생에 대해 어떤 실존적 의미와 가치를 제공해 줄 수 있다고는 생각하지 않습니다. 자신의 삶을 '이해(understanding)'하고 해석하며 변혁하는 힘이 과학에 있다고는 감히 상상조차 하지 않습니다.

저희(이명현, 장대익)는 그동안 여러 매체에서 정기적 혹은 비정기적으로 적잖은 글을 써 왔습니다. 그런데 매체들의 요구 사항은 대개 과학의 관점에서 시사적인 사안들에 대해 설명을 해 달라는 것이었습니다. 칼럼 꼭지의 제목도 "과학 풍경", "과학 이야기", "과학 오딧세이", 이런 식입니다. 제목에서부터 이건 과학자가 쓴 글이니 과학에 관심 있는 사람들이나 읽어 보라는 냄새를 풍깁니다.

언젠가는 필자 중 한 사람이 그러한 칼럼을 연재해 달라는 요청을 받고는, "과학에 관심이 있는 사람들에게만 읽히는 글을 쓰고 싶지는 않아요. 과학이 호기심 충족의 도구나 정보 제공의 원천, 또는 국가 경쟁력이나 미래 먹거리로만 논의되는 세팅이 저는 싫습니다. 그러니 그냥 제 이름을 따서 'OOO 칼럼'이라고 하고, 과학이 어떻게 우리의 일상에 실존적 의미와 해법을 주는지를 쓰겠습니다."라고 제안한 적도 있습니다. 과학을 공부하고 알면 우리의 일상(더 정확히는, 일상을 이해하는 우리의 안목)이 바뀔 수 있다는 사실을 보여 주고 싶었기 때문입니다.

정말, 과학 공부가 인생을 바꿀 수 있을까요?

저희는 각각 천문학자(이명현)와 진화학자(장대익)로서 이 질문에 정면으로 맞서고자 했습니다. 저희는 6년쯤 전에 과학계의 친한 지인들과 의기투합을 해서 과학 콘텐츠 그룹, '과학책방 갈다'를 공동 창업한 동지이기도 합니다. 각종 강연, 행사, 그리고 독서 모임 등을 통해 한국 사회에서 과학이 '문화'로 자리를 잡을 수 있게끔 힘써 왔습니다. 저희는 늘 "21세기의 핵심 교양은 과학이다."라고 부르짖어 왔지요. 거창하게 보면 과학책방 갈다의 궁극적 목표는 일반인들에게 과학으로 인생이 성장하는 경험을 제공하는 일입니다. 과학자들이 탐구해 온 지식을 대중에게 알리는 일에 국한되지 않습니다. (물론 이 일을 잘하는 것도 중요하며 의미가 있지만요.)

저희는 지난 20여 년 동안 과학계에서 이러한 활동을 하면서 우리 사회에서 과학 담론에 대한 '프레임 자체'를 바꿀 필요가 있다고 느껴 왔습니다. 차가운 설명의 과학이 아닌 다정한 이해(해석)의 과학, 나와는 아무런 관련이 없는 삶과 유리된 과학이 아닌 내 일상을 터치하고 의미 있게 만드는 실존적 과학, 매일 업데이트되는 사실을 바탕으로 신선한 위안을 주는 과학, 억압의 지식이 아닌 자유의 과학, 행복을 단지 탐구만 하는 게 아닌 행복을 주는 과학 등이 가능한 지를 이야기해야 할 때라고 느꼈습니다.

해서 지난 2년 전 어느 날, 저희는 과학이 우리 개인의 삶의 의미, 가치, 실존에 어떤 영향력을 미치는가에 대해 집중적으로 답하는 책을 함께 쓰자고 결정했습니다. 그리고 저희가 그동안 여러 곳에서 받았던 많은 질문 중에서 관련된 것을 추려 보기로 했습니다. 그중에는 수업이나 강연에서 나온 공식적 질문들도 있었지만 친한 지인이나 출판 관계자와의 술자리에서 나온 솔직한 도발도 있었습니다. 저희는 이 질문들을 총 다섯 가지로 분류한 후, 지난 1년여 동안 만날 때마다 각 질문들에 대한 각자의 생각과 의견을 나누었습니다. 천문학자인 이명현은 인간을 '별먼지'라 부르고 진화학자인 장대익은 인류를 '생명의 잔가지'라고 말합니다. 이 별먼지와 잔가지가 함께 토론하고 쓰고 정리해서, 머지않아 개설할 '과학 인생 학교'의 수업 노트로 만든 것이 바로 이 책입니다.

이 책이 다루는 첫 번째 질문은 과학과 실존의 관계에 관한 것입니다. 저희는 과학이 말해 주는 바를, 그러니까 인류는 연약하지만 고고하며, 미미하지만 위대하다는 이야기를 들려주고자 합니다. 천문학과 진화학이 말하는 과학적 실존주의는 인생을 최고의 허무에 이르게 하는 것 같지만, 역설적으로 허무주의를 이길 수 있는 메타인지(meta-cognition)를 제공한다는 측면에서 여타 실존주의와 다릅니다.

두 번째 질문을 다루면서는 과학이 주는 위안에 대해서 이야기합니다. 인류의 역사에서 삶에 위안을 주는 것은 우리의 감정을 건드리는 위대한 '스토리'들이었습니다. 그 스토리의 목록에는 각종 신화, 종교, 이념과 사상, 그리고 철학 같은 것들이 있었지요. 이제 그 목록에 과학이 포함되면 어떨까요? 더 나아가, 과학이 그 목록에 편입되면서 다른 것들을 몰아낼 가능성은 없을까요?

세 번째 질문은 좀 더 개인적 차원에 맞닿아 있습니다. 과학이 우리에 대해 객관적으로 인식할 수 있게 하고 사실에 근거한 참된 위안을 준다는 사실을 납득한다 하더라도, 우리는 만족스럽지 않습니다. 왜냐하면 여전히 과학이 대체 '내 개인적 삶'에 어떤 영향을 주는지가 잘 와 닿지 않기 때문입니다. 여기서는 과학이 내 삶에 줄 수 있는 실질적 지침들에 대해 다룹니다.

네 번째 질문은 과학적 세계관, 과학 정신, 과학적 태도를 고양할 수 있는 방법에 대한 것입니다. 대체 '과학적'이라는 게 무엇일까요? 과학은 왜 다른 지식 방법론에 비해 우월한 인식적 지위를 갖는 것일까요? 그렇다면 과학적 태도는 어떻게 기를 수 있을까요?

마지막 질문에서는 과학이 인생의 행복이나 인생의 아름다움과 어떤 관련이 있는지를 다룹니다. 저희는 감히 과학적 태도를 익힌 사람이야말로 풍성하고 행복하며 아름다운 인생을 살 수 있다고 이야기합니다. 과학은 행복과 아름다움을 탐구하기도 하지만 우리의 일상을 더 아름답고 행복하게 만들기도 합니다. 이것이 어떻게 가능한지 궁금하면 지금 바로 이 책을 읽기 시작하면 됩니다.

이 책은 과학적 세계관을 가진 자들의 '간증'입니다. 경전이 믿는 자들의 신앙 고백이듯이.

저희는 이 책을 통해 '과학과 인생의 간극'을 이으려 합니다. '과학 인생 학교'의 첫 번째 교과서를 쓸 수 있게 자극을 주신 질문자들에게 감사의 말씀을 전합니다.

차례

첫 번째 시간

별먼지와 잔가지

"인간이란 어떤 존재인가?"

별먼지와 잔가지의 과학 인생 학교에 오신 여러분을 환영합니다. 이 강의를 기획하고 준비한 저로서는, 여러분이 무슨 생각을 가지고 이곳에 참석하게 되었는지 궁금하네요. 어떤 분은 '과학이 과학이지 무슨 인생이랑 관련이 있다고 '인생 학교'라는 거창한 이름까지 달고 그러냐?'라고 생각하실 수도 있겠고, 또 어떤 분은 '최근에 과학책 몇 권을 접하면서 과학에 흥미를 가지게 되긴 했지만 그게 내 삶을 의미 있게 만들어 줄 것이라는 기대는 해 본 적이 없다.'라고 생각하실 수도 있겠습니다.

별먼지와 잔가지의 인생 학교는 '과학 공부가 인생을 바꾼다.'는 주장을 선보이기 위해 만들어졌습니다. 오늘은 그 첫 시간이지요. 이 과감한 주장을 선보이기 전에 여러분이 알아야 할 기본적인 지식들이 있습니다. 바로 이 우주와 우리 인간에 대해 과학이 얘기해 주는 사실들이지요. 이번 시간에는 천문학자 이명현 선생님께서 우주의 역사와 지구의 탄생, 우주 속에서 인간의 위치, 우주적 관점에서 인간이란 어떤 존재인지에 대해 설명해 주실 것입니다. 그리고 진화학자 장대익 선생님께서는 진화적 관점에서 인간은 어떠한 존재이며, 왜 지구에서 인간만이 이토록 찬란한 문명을 만들어 낼 수 있었는지에 대해 설명해 주실 것입니다.

과학이 말해 주는 인간에 대한 설명을 듣는 것만으로도 여러분은 지금까지 느껴 보지 못했던 이상야릇한 감정을 느끼게 될지도 모릅니다. 기대가 되지 않나요? 자, 그럼 이명현 선생님부터 만나 보겠습니다.

별 헤는 먼지

이명현

별이 쏟아지는 밤을 경험해 보신 적이 있나요? 저는 어린 시절부터 아마추어 천문가 활동을 했기 때문에 어두운 곳으로 관측을 가서 별을 볼 기회가 많았습니다. 중학교 1학년 여름이었던 것으로 기억합니다. 경기도 여주의 어느 강변 모래밭으로 여행을 간 적이 있습니다. 모래밭에 누워서 쏟아지는 별을 바라보던 그날 밤의 벅찬 느낌을 지울 수가 없습니다. 그냥 별과 별 사이에 또 별이 있고 그 숱한 별들이 온통 저에게 쏟아지던 그 느낌. 제가 별 속으로 빨려 올라가는 듯한 그 느낌. 지금도 가끔씩 그때의 기억이 떠오르면 몸이 먼저 반응을 합니다. 물론 그때의 감흥을 그대로 느끼지는 못하지만 기억은 새록새록 납니다.

네팔 히말라야의 어느 산중턱에서 본 밤하늘도 잊을 수가 없습니다. '밤이 되었는데 왜 이렇게 환하지?' 하다가 그게 별빛 때문인 것을 깨닫고 놀란 적이 있습니다. 천문학자가 되어서는 밤하늘이 완벽하게 어두운 천문대로 여러 차례 관측을 다니면서 별이 쏟아지는 밤하늘을 친구처럼 여기며 살았습니다.

여러분은 밤하늘의 별을 바라보면 어떤 느낌이 드시나요? 꼭 별이 압도적으로 쏟아지는 밤하늘이 아니어도 말이지요. 아련함. 제가 밤하늘의 별을 보면서 느꼈던 감정은 다양하지만 한마디로 말하라고 하면 '아련함'이라고 하겠습니다. 한갓진 지방 어두운 관측지에서 별빛에 압도당할 때나 도시에서 가로등 불빛의 방해를 뚫고 간신히 보이는 희미한 별빛을 마주할 때도 그 끝에는 아련함이 가슴 아래에서부터 밀려 올라왔습니다. 그 아련함은 처음에는 그저 막연했지만 별에 대한 지식이 하나씩 쌓이면서 점점 더 커져만 갔습니다.

천문학을 공부하며 저 별들 하나하나가 태양처럼 스스로 빛을 만드는 천체라는 것을 알게 되었을 때 놀라지 않을 수 없었습니다. 그리고 그 태양이 수없이 많다니! 저 태양이 그 많은 별 중 하나에 불과하다니! 감당하기 힘들 정도로 벅차는 감동을 느꼈습니다. 동시에 허무함이라고 할까요, 허망함이라고 할까요. 그런 감정이 아스라이 다가왔습니다.

'그 수많은 별들 옆에도 지구와 같은 행성들이 있겠지.'라고 생각하면서 묘한 감정에 휩싸였던 기억이 납니다. 허무함, 허망함, 벅참 같은 감정과 함께 의문이 감당할 수 없는 물결처럼 몰려들었다고 해야 할까요? 그렇다면 그곳에는 나처럼 별을 바라보는 그 누군가가 있을 것이고, 그는 또 다른 누군가가…… 하는 생각이 다음 생각을 몰고 와서 꼬리에 꼬리를 물 듯 이어지다 보면 어떻게 더 생각을 펼칠 수 없는 막다른 길에 다다릅니다. 그 막막한 순간 문득 아련함이 찾아오곤 했습니다.

너무나 멀어서 도저히 다다를 수 없는 그곳에, 나와 비슷한 생각을 하면서 그들의 밤하늘을 바라보고 있을 외계 생명체가 있겠구나 싶은 생각이 들었습니다. 하지만 우리가 서로 만날 수 없다는 사실을 곧바로 인지하고 나자 아쉬움이 뒤따랐습니다. 그러면 다시 아련함이 몰려옵니다. 별들과 우리 사이에는 무엇인가 연결이 있을 것 같은데, 그것이 무엇일지 막연하고 경이로우면서 또한 그저 아스라하기만 한 그런 느낌. 윤동주 시인의 「별 헤는 밤」은 이런 마음을 잘 표현하는 듯합니다.

이네들은 너무나 멀리 있습니다. 별이 아스라이 멀듯이.

저는 천문학을 공부하고 연구했습니다. 별에 대한 지식이 쌓여가면서 별이 그저 막연하고 아스라하고 아련하게만 보이지는 않게 되었습니다. 아는 만큼 보이고 그만큼 별은 가까워집니다. 우리는 밤하늘의 별들이 사실은 태양과 같은 항성(恒星)이라는 것을 알고 있습니다. 우주 시공간 자체가 점점 커지고 있다는 것도 알고 있습니다. 블랙홀이 존재한다는 것도 관측을 통해서 확인되었습니다. 우리는 이미 많은 정보를 가진 채 밤하늘을 바라보고 있지요. 밤하늘의 별은 더 이상 "너무나 멀리 있"는 존재가 아닙니다.

아련함이 두려움으로 바뀐다면

우리의 조상들은 별을 어떻게 바라봤을까요? 어느 것 하나 알 수 없는 것 투성이었겠지요. 분명히, 밤하늘의 쏟아질 듯 빛나는 별들에 경이로움을 느꼈을 것입니다. 그리고 저처럼 아련함을 느끼는 사람도 있었겠지만 두려움을 느끼는 이도 있었을 것입니다. 경이로움은 이내 알 수 없는 두려움으로 바뀌었을지도 모릅니다. 경이로움에 두려움이 더해져서 경외심이라 부를 만한 감정이 찾아왔을 것입니다.

결국, 이해할 수 없는 현상을 설명하기 위해서 우리 조상들은 가상의 대상을 만들었고, 그것이 점차 체계적으로 발전해 설화와 신화와 종교가 생겨났을 것입니다. 수백 년이 지나도 변하지 않고 밝게 빛나는 별들은 조상들에게 모든 것이 생겼다 사라지는 세상에도 변하지 않는 것이 있다는 증거로 보였을 것입니다. 정밀하게 작동하는 시계처럼 똑같은 궤도를 동일한 속도로 정확하게 따라가는 행성들을 설명하기 위해 계절의 운행을 지배하는 신과 영웅 들의 자리 다툼 같은 이야기를 만들었고, 1년 내내 행성들의 배경에서 움직이지 않는 항성들을 보며 삼라만상을 지배하는 절대적인 존재를 떠올렸을 것입니다.

이 이야기들은 우리 조상들이 살던 세계에 절대성을 부여했고, 이 절대적 존재를 주인공으로 한 설화, 신화, 종교는 사람들에게 자연 법칙처럼 안정적인 삶의 가치와 규율을 제공하는 역할을 했을 것입니다. 그리고 사람들은 자신들이 만든 것에 충성하면서 살아가기 시작했습니다. 이 기반 위에 문명이 건설되고 문화가 꽃피웠습니다. 이제 우리는 지상에서 필멸자들이 만든 불빛이 불멸자처럼 보이는 별빛을 가려 버리는 시대에 살게 되었습니다. 지금의 문명과 문화를 이룩하는 데 기여한 발판일지도 모를 밤하늘과 별들의 은혜를 우리는 잊고 사는 셈입니다.

우리는 이제 밤하늘에 떠 있는 별들에 대해서 많은 것을 알고 있습니다. 온갖 우주 망원경과 탐사 위성에서 날아오는 새로운 관측 정보와 지식이 실시간으로 인터넷과 SNS에 넘쳐나는 시대에 살고 있습니다. 행성이나 항성이 불멸자도 아니고 신적 존재도 아님을 잘 압니다. 과거에 신이나 영웅이었던 행성과 항성의 내력과 속살을 낱낱이 분석하고 음미하는 시대입니다. 이렇게 축적된 과학적 사실을 바탕으로 새로운 가치관과 삶의 양식을 만들고 살아갈 수 있는 시대가 된 것이지요. 우리 조상들이 밤하늘과 별들이 주는 경이로움을 발판 삼아 이제까지의 인류 문명을 건설했듯이 우리도 밤하늘과 별들에서 발견한 경이로운 과학적 사실들을 발판 삼아 이제부터의 문명을 건설할 수 있을 것입니다. 이것이 온갖 광해(光害)로 밤하늘을 더럽힌 우리가 은혜로운 밤하늘과 별들에 속죄하는 길이 되지 않을까요?

우주는 어디에서 왔고 어디로 가는가?

지금까지 우리가 밤하늘과 별들에 대해 알게 된 것들을 좀 더 자세히 이야기해 보겠습니다. 밤하늘과 별들, 즉 우리 우주는 점점 커지고 있습니다. 이것을 설명하는 게 '빅뱅 우주론'이지요. 1929년에 미국의 천문학자 에드윈 허블(Edwin Hubble, 1889~1953년)이 우리 우주의 시공간 자체가 팽창하고 있음을 관측을 통해서 알아냈습니다.

'팽창(expansion)'이라는 일상 용어는 우주의 팽창 현상을 이해하는 데 종종 혼란을 초래하곤 합니다. 일상에서는 주어진 공간 속에서 어떤 것이 점점 커지는 것을 팽창이라고 하지요. 그런데 우주 팽창(cosmic expansion)은 그런 것이 아닙니다. 우주는 그 자체로 유일한 존재이고, 시간과 공간 그 자체입니다. 따라서 우주의 팽창은 시간과 공간 자체의 확장을 의미합니다. 이상하게 들릴지 모르지만, 우주에는 '밖'이라는 개념이 없습니다. 그래서 우주 팽창은 우주 공간 자체의 확장으로 이해하는 것이 바람직합니다. 우주 팽창을 처음 발견한 허블도 풍선처럼 생긴 우주가 바깥 공간으로 부풀어 오르는 것을 발견한 게 아니라, 은하와 다른 은하 사이의 간격이 모든 방향으로 멀어지는 것을 발견한 것입니다. 지금도 시간이 흐름에 따라 우리 우주는 점점 커지고 있습니다.

우주 시공간 자체가 시간이 지남에 따라서 점점 커지고 있다는 것은 곧, 우주가 과거에는 현재보다 작았다는 말이 됩니다. 여러분과 제가 있는 이 강의실이 우주 자체라고 가정해 보지요. 현실의 강의실 밖에는 더 넓은 공간이 있지만, 우리는 강의실 자체가 우주라고 가정했기 때문에 바깥 공간은 존재하지 않는다고 생각해야 합니다. 이제 과거로 돌아가 보겠습니다. 시간을 거슬러 올라감에 따라 우주는 점점 작아질 것입니다. 우리가 있는 강의실도 지금보다 2배 더 작아집니다. 여러분은 그냥 가만히 있는데 강의실 자체가 작아지는 상황입니다. 어떤 일이 일어날까요? 여러분 한 사람 한 사람 사이의 거리가 줄어들 것입니다. 우주 공간 자체가 팽창하거나 수축한다는 것은 은하 같은 그 구성원들 사이의 거리가 늘어나거나 줄어든다는 뜻입니다.

더 과거로 가 볼까요? 강의실 우주가 더 작아집니다. 여러분이 몸을 움직일 수 없을 정도로 밀착하게 되는 순간까지 작아질 것입니다. 그러면 강의실, 즉 우주의 수축이 여기서 멈출까요? 아닙니다. 더 작아질 수 있습니다. 더 작아진 우주에 여러분을 모두 욱여넣으려면 어떻게 해야 할까요? 죄송하지만, 여러분을 쪼개서 다시 뭉치면 됩니다. 예컨대 인체는 세포로 이루어져 있습니다. 우리 몸을 세포 단위로 분해해서 뭉치면 위장이나 허파나 혈관 같은 데 있던 빈 공간이 없어질 테니 더 작게 뭉칠 수가 있겠지요. 우주가 더 작아진다면 세포를 더 작은 분자로 쪼개서 뭉치면 될 것입니다. 세포를 이루는 분자들 사이에도 빈 공간이 많을 테니까요. 같은 식으로 분자는 원자로, 원자는 원자핵과 전자로 쪼갰다가 뭉치면 우주가 더 작아진다고 하더라도 다 넣을 수 있습니다. 분자를 이루는 원자 사이에, 원자를 이루는 원자핵과 전자 사이에 빈 공간이 많기 때문이지요.

우주가 원자핵보다 더 작아진다면 어떻게 될까요? 원자핵은 양성자와 중성자로 이루어져 있고, 이들은 다시 각각 3개의 쿼크로 이루어져 있습니다. 양성자와 중성자를 쿼크로 쪼개서 다시 뭉치면 되겠지요. 그런데 쿼크와 전자는 더 이상 쪼갤 수 없는, 물질의 가장 작은 단위로 알려져 있습니다. 그렇게 되면 우주의 역사 탐험은 쿼크와 전자로 꽉 차 더 줄어들지 못하는 우주에서 멈추고 말겠지요. 그렇지만 태초의 우주는 쿼크보다, 전자보다 더 작았습니다.

알베르트 아인슈타인(Albert Einstein, 1879~1955년) 아시지요? 물질이 곧 에너지가 되고 에너지가 곧 물질이 될 수 있다는 유명한 방정식을 만든 이입니다. 그의 유명한 공식 $E = mc^2$을 빌려와 봅시다. 이 공식에 따르면 크기를 가진 쿼크와 전자는 크기를 가지지 않은 에너지로 변환할 수 있습니다. 이렇게 되면 어떨까요? 수학적 의미의

별먼지와 잔가지의 과학 인생 학교

점처럼 크기가 없는 아주아주아주 작은 공간에 어마어마어마하게 높은 에너지가 꽉 차 있는 상태가 될 것입니다.

정리하자면, 현재 우리가 사는 이 광대한 우주는 머나먼 과거, 더 이상 거슬러 올라갈 수 없는 과거의 끝, 그러니까 시간의 끝(우주에는 공간적으로 바깥이 없듯이, 시간적으로 '이전'도 없습니다.)에는 그 모든 물질과 에너지가 고도로 응축된 아주 작은 점과 같은 상태였다는 것입니다. (물론 지금까지 비유와 추론을 통해 과거를 거슬러 올라가며 설명한 내용은 다소 비약적이며, 실제로 있었을 것으로 여겨지는 많은 과학적인 사실들이 생략되어 있습니다.)

다시 한번 강조하지만, 우주는 아주 작은 점 같은 시공간에서 어마어마하게 높은 에너지를 갖고 태어났습니다. 그런 우주가 태어난 순간을 빅뱅(big bang, 대폭발)의 순간이라고 합니다.

그럼 우주는 왜, 그리고 어떻게 해서 생겨났을까요? 이 과정을 다루는 학문 분야를 '우주 기원론(cosmogony)'이라고 합니다. 우주가 왜, 그리고 어떻게 탄생했는지를 다루는 분야지요. 양자 역학적인 우주 기원론을 비롯해서 수학 모형을 기반으로 한 이론들이 제안되고 있으나, 아직까지 관측적으로 확인된 것은 없습니다. 아직 개념의 영역에 머물러 있는 것이지요.

'다중 우주(multiverse)'라는 말을 들어 보셨나요? 우주 기원론을 연구하는 연구자들 중 일부는 우주가 하나가 아니라 여럿 있을 수도 있다는 가설을 지지하고 있습니다. 수없이 많은 빅뱅이 일어나 우주가 태어났다 사라지며 그런 여러 우주 중 하나가 우리가 사는 '우리 우주'라는 이야기이지요.

우주가 어떤 과정을 통해서, 얼마나 여러 번 태어났든, 우주가 탄생한 순간을 빅뱅의 순간이라고 하는 것은 변함없습니다. 우주가 태어나면서 우주 자체인 시공간이 생겨났고, 그 시공간이 시간이 지남에 따라 팽창한다는 것이 빅뱅 우주론의 주요 주장입니다. 이를 이론적으로 뒷받침하는 것이 아인슈타인의 일반 상대성 이론이며, 이는 관측적으로도 확인된 사실입니다.

이번에는 빅뱅의 순간에서부터 현재로 다시 돌아오는 여행을 시작해 봅시다. 강의실을 우주라고 하고 여러분을 은하라고 하지요. 이제 과거로 여행할 때 겪었던 일들이 반대로 벌어집니다. 에너지로 가득 찬 고밀도의 우주는 엄청나게 높은 온도로 뜨겁게 달아오른 상태였습니다. 이런 고밀도 고온의 우주가 팽창을 시작합니다. 우주 속 에너지의 양은 정해져 있습니다. 이 강의실 안에 있는 여러분의 머릿수가 바뀌지 않는 것처럼 말이지요. 우주가 팽창하면서 달라지는 것은 우주의 크기입니다. 부피라고 해도 좋습니다. 은하 같은 우주 구성 요소들 사이의 거리가 바뀌는 것이지요. 그러므로 우주가 팽창하면 할수록 우주의 밀도는 낮아지고 따라서 온도 역시 떨어지게 됩니다. 강의실이 넓어져서 여러분 사이 간격이 늘어나면 여러분이 얼마나 쾌적해질지 생각해 보시면 이해하실 수 있을 것입니다.

일반적으로 우주론(cosmology)이라 불리는 것은 사실상 우주 진화론입니다. 우주가 태어난 후 시간이 흐르면서 변화하는 과정과 그 속에서 발생하는 여러 현상을 연구하는 것이 우주 진화론입니다. 그렇다면 우주에서 어떤 일이 일어났는지 우주 진화론의 관점에서 살펴보지요. 우주가 팽창하면서 밀도와 온도가 떨어지면, 에너지가 물질로 변할 수 있는 조건이 형성됩니다. 우주를 온통 채우고 있던 에너지에서 물질의 재료들이 생겨납니다. 어떤 것들일까요? 그것들은 바로, 더 이상 쪼갤 수 없는 물질의 가장 작은 단위인 쿼크와 전자입니다. 우주의 과거로 여행하며 물질을 계속해서 더 작은 단위로 쪼개고 뭉쳤던 것을 떠올려 보세요. 그 반대 상황이 발생하는 것입니다.

시간이 몇 분 흐르고 우주가 좀 더 커지면서 쿼크들이 뭉쳐서 양성자와 중성자를 형성합니다. 우주의 나이가 38만 년이 되면, 우주의 밀도와 온도가 양성자가 전자와 만나서 원자를 형성하기에 딱 맞는 조건이 됩니다. 우주 전체에서 양성자와 전자가 결합해 주기율표상의 첫 번째 원소인 수소(H)의 원자가 생성되는 것이 바로 이때입니다. 이제 우주의 도처에는 수소 원자가 골고루 분포하게 됩니다.

시간이 흐르고 우주가 팽창함에 따라, 우주의 밀도와 온도는 지속적으로 낮아집니다. 그런데 전체적으로는 우주의 평균 밀도가 낮아지지만, 국지적으로는 수소의 밀도가 상대적으로 높은 영역이 생겨납니다. 우주의 나이가 38만 년일 무렵, 수소는 우주 전체적으로는 거의 균일하게 분포했지만 지역에 따라서 약간의 밀도 차이가 있었습니다. 상대적으로 수소가 더 많이 모여 있는 곳은 그렇지 않은 곳에 비해서 질량이 상대적으로 클 것이고, 따라서 중력 또한 더 세집니다. 중력이 좀 더 센 지역으로는 수소를 비롯한 물질들(헬륨 (He) 및 기타 이온화된 기체와 먼지)이 더 많이 끌려가서 뭉치게 됩니다. 이것이 밀도가 높은 기체와 먼지로 이루어진 구름 덩어리, 즉 성운 (nebula)의 형성입니다. 반면, 물질이 빠져나간 지역의 밀도는 낮아집니다.

우주의 나이가 2억 살에서 4억 살 무렵이 되면, 국지적으로 밀도가 충분히 높아지고 온도가 충분히 상승한 성운이 중력적으로 불안정해지면서 수축하는 현상이 일어납니다. 수축이 지속되면 성운의 중심부에서는 고밀도와 고온의 환경이 만들어집니다. 이러한 환경에서 수소 원자의 양성자와 전자가 서로 떨어져 분리되는 한편, 양성자와 양성자가 더 이상 독립적으로 존재하지 못하고 합쳐지는 융합 반응이 일어납니다. 이를 핵융합(nuclear fusion)이라고 합니다. 이 과정에서 빛이 발생하는데, 바로 별의 탄생입니다. 우주 곳곳에서 별이 탄생하고 이들이 모여서 은하를 형성합니다. 우주는 계속 팽창하고 별과 은하가 계속 만들어지면서 오늘날 우리가 목격하는 우주가 되었습니다.

별의 삶과 죽음, 그리고 그 위대한 유산

별의 중심부에서 핵융합 반응이 일어나면서 양성자 2개가 융합되어 헬륨 원자핵이 생깁니다. 여기에 전자 2개가 결합하면 전기적으로 중성인 헬륨 원자가 됩니다. 주기율표에서 헬륨은 두 번째 원소입니다. 원자 번호 2번이지요. 원자 번호는 원소가 가진 양성자의 수를 나타냅니다. 원자는 전기적으로 중성이니 당연히 원자 번호가 그 원자가 가진 전자의 수를 나타내기도 하지요. 헬륨 원자핵은 우주 공간에서 수소 원자핵이 형성될 무렵에도 일부가 만들어졌습니다. (원자 번호 3번인 리튬의 원자핵도요.) 그리고 별 내부의 핵융합 반응을 통해서도 만들어지는 것이지요.

별 내부에서 핵융합 반응이 계속되면서 별은 끊임없이 빛을 냅니다. 이 과정에서 양성자 여러 개가 결합해 탄소(C), 질소(N), 산소(O) 등의 원자핵이 생성됩니다. 양성자 6개가 결합하면 탄소 원자핵이 되고, 8개가 결합하면 산소 원자핵이 됩니다. 질량이 큰 성운에서 태어난 별일수록 중심부의 밀도와 온도가 더 높습니다. 따라서 더 많은 양성자가 결합해 질량이 더 큰 원자핵이 만들어지게 됩니다.

별 내부의 핵융합로에서 생성될 수 있는 가장 무거운 원자핵은 철(Fe) 원자핵으로, 양성자 26개를 가지고 있습니다. 별 내부의 밀도 및 온도 조건에서는 결합할 수 있는 양성자의 최대수가 26개인 것이지요. 대부분의 수소 원자핵과, 헬륨 원자핵과 리튬 원자핵의 일부가 빅뱅 직후 우주 공간에서 만들어졌다면, 원자 번호 3번 이후 26번까지의 원소들 대부분은 별 내부에서 핵융합 반응을 통해서 만들어졌습니다. (이는 일반적인 경향으로, 구체적인 원소 형성 과정은 별의 크기와 종류에 따라 다를 수 있습니다.)

별이 핵융합을 더 이상 진행할 수 없게 되면, 빛을 낼 수도 없습니다. 이를 별의 죽음이라고 하지요. 그러니까 별이 핵융합 반응을 통해 빛을 발하기 시작하는 시점을 탄생이라고 하고, 빛이 사라지는 순간을 죽음이라고 하는 것입니다. 질량이 작은 별들은 상대적으로 수명이 깁니다. 반면, 질량이 더 큰 별들은 수명이 짧지요. 핵융합 반응을 더 빨리, 더 많이 해서, 더 밝은 빛을 더 짧은 시간 안에 만들어 내고 수명을 다하기 때문입니다.

별의 일생은 태어날 때 가진 질량에 따라 결정됩니다. 질량이 작은 별들은 긴 시간 동안 원자 번호가 작은 원소의 원자핵 정도만 만들어 내면서 일생을 보냅니다. 태양의 경우, 빛을 내는 별로서의 수명이 100억 년 정도 됩니다. 태양보다 질량이 훨씬 더 큰 별들은 수명이 수천만 년에서 1억 년 정도 됩니다. 그 기간 동안 훨씬 더 격렬한 핵융합 반응을 하면서, 더 밝고 강력한 빛을 만들어 내고 더 많은 원자핵을 생성하는 것이지요.

태양과 비슷한 질량을 가진 별이 일생의 마지막 시기를 맞이하면, 핵융합이 멈추면서 중력과 압력 사이의 균형이 깨집니다. 핵융합이 지속되는 동안에는 중력과 압력이 서로 균형을 이루어 별의 크기와 모양이 유지되었지만, 이제는 그러지 못하고 별이 불규칙하게 커졌다가 작아지는 맥동(pulsation) 현상이 발생합니다. 그러다가 결국 임계점을 넘으면, 별의 바깥 부분은 행성상 성운(planetary nebula)의 형태로 흩어지게 됩니다. 이 과정에서 별이 평생 만들어 놓은 원자핵들이 성운으로 퍼져 나가지요. 한편, 내부로 수축하는 부분은 밀도가 높은 백색 왜성(white dwarf)이 됩니다. 이렇게 별은 핵융합을 통해 빛을 내던 주계열성(main sequence star)으로서의 삶을 마감하고 형태를 바꿔서 새로운 일생을 시작합니다.

태양보다 무거운 별들은 밀도가 더 높은 중성자별(neutron star)이 됩니다. 양성자 없이 중성자로만 이루어진 별이니 '원자 번호 0번 별'이라고 해도 좋겠네요. 태양보다 질량이 훨씬 큰 별들은 짧은 일생을 마치고 격렬한 죽음을 맞이합니다. 이러한 별들의 맥동 현상은 훨씬 더 역동적이지요. 맥동이 계속되다가 마침내 임계점을 넘어서면 폭발하게 됩니다. 이를 초신성 폭발(supernova explosion)이라고 하지요. 이 과정은 엄청나게 격렬하며, 자신의 밝기의 1000억 배에 이르는 빛을 내뿜기도 합니다. 한 은하의 전체 밝기와 맞먹을 정도의 빛이지요. 이 과정에서 죽어 가는 별의 밀도와 온도가 엄청나게 높아집니다. 더 많은 양성자가 결합될 수 있는 환경이 되는 것이지요. 이러한 환경에서 대부분의 금속 원자핵들이 생겨납니다. (양성자 수가 엄청 많은 일부 원자핵은 과학 실험실에서 인위적으로 만들어지기도 합니다.) 초신성 폭발의 결과물이 바로 블랙홀(black hole)입니다. 다시 말해,

무거운 별은 죽어서 블랙홀이 되고 초신성 잔해를 남깁니다.

지금까지 설명한 내용을 정리해 볼까요? 우주의 탄생과 함께 공간이 생겨나고 시간이 흐르기 시작했습니다. 우주 진화의 역사는 그 공간에 있는 에너지가 물질로 변하는 과정 그 자체입니다. 우리가 보고 있는 별과 은하, 그리고 주변의 생명체는 모두 물질로 이루어져 있습니다. 물질의 기본 단위인 원소는 대부분 우주에서 만들어졌습니다. 빅뱅 직후 우주 공간에서 대부분의 수소와 약간의 헬륨과 리튬의 원자핵이 만들어졌습니다. 별의 내부에서 핵융합 반응이 일어나면서 철까지의 원자핵이 만들어졌습니다. 그 외의 금속 원자핵들은 대부분 질량이 큰 별들의 초신성 폭발을 통해 만들어졌습니다.

태양은 현재 밝게 빛나고 있으며, 한창 핵융합 반응을 통해서 헬륨 원자핵을 만들고 있습니다. 태양은 우주에서 대략 세 번째 혹은 네 번째 세대의 별로 분류됩니다. 즉 태양이 탄생하기 전에 앞서 설명한 별의 탄생과 죽음, 그리고 새로운 성운과 별의 탄생 과정이 서너 번 반복되었던 것이지요. 이 과정을 통해 장차 태양계가 될 성운에는 이미 여러 원소들이 축적되었습니다.

별과 행성은 성운에서 함께 탄생합니다. 성운의 중심부에서 밀도와 온도가 충분히 올라가 핵융합 반응이 일어나면 별이 탄생합니다. 그리고 중심부 바깥에서는 핵융합이 일어나지 않는데 핵융합 반응에 참여하지 않은 물질들이 중력의 작용으로 서서히 뭉치면서 행성을 형성하게 되는 것이지요. 태양과 마찬가지로 태양계 내 행성들도 성운에 이미 존재했던 여러 원소들을 갖고 태어났습니다. 물론 지구도 마찬가지입니다. 지구에서 발견되는 원소들은 모두 우주에서 만들어진 것입니다. 이런 원소들이 지구의 자연과 생명, 그리고 인간과 문명의 기초를 이루고 있지요.

앞서 언급했듯이, 태양계가 형성되는 과정에서 지구도 탄생했습니다. 약 46억 년 전의 일이지요. 원시 지구는 작은 천체들의 충돌과 응집 과정을 통해 형성되었습니다. 그런데 원시 지구가 꼴을 갖추자마자 다른 원시 행성과 충돌을 합니다. 이 과정에서 두 천체는 파괴되었다가 다시 뭉쳐서 현재의 모습을 갖추게 되었습니다. 바로 지구와 달이지요.

뜨거운 지구에 혜성과 소행성이 충돌하면서 물 분자가 공급되었고, 이로 인해 수증기가 생기고 비가 내려 바다가 형성되었습니다. 달의 영향으로 지구의 자전 속도는 점차 느려졌습니다. 그리고 화산 활동과 지표면에서의 다양한 화학 반응 등을 통해 대기층이 생성되었습니다. 마침내 지구에 생명체가 출현했습니다.

별에서 온 우리

생명체의 기원은 약 38억 년 전으로 거슬러 올라갑니다. 생명체는 성운이 흩뿌려 놓은 원소들을 재료로 한 RNA와 DNA 같은 물질에서 점차 진화했으며 단세포 생물에서 다세포 생물로 발전했습니다. 지구의 생물들은 인류가 등장하기 전까지 다섯 차례의 대멸종을 겪었고, 끊임없이 변화하는 환경에 적응한 생물들이 살아남아 진화를 거듭했습니다. 그 결과가 오늘날 우리가 목도하는 생물계로 남아 있지요. 인간도 6500만 년 전쯤 발생한 다섯 번째 대멸종에서 살아남은 작은 포유류의 후손입니다. 현생 인류인 호모 사피엔스는 약 30만 년 전에 등장했고, 거의 대부분의 기간을 수렵과 채집을 하면서 보냈습니다. 그러다가 최근, 그러니까 약 1만여 년 전에 농업 혁명을 통해서 정착 생활을 시작했고, 그 결과 오늘날의 문명을 건설했습니다.

우리 몸을 이루는 주요 원소는 수소, 산소, 질소, 탄소, 황(S), 그리고 인(P)입니다. 어느 것 하나 지구나 태양에서 만들어진 게 없습니다. 앞서 설명했듯이, 빅뱅 초기의 우주 공간에서 수소가 만들어졌고 별이 생로병사(生老病死)를 거듭하면서 산소, 질소, 탄소 같은 원소가 생성되었습니다. 무거운 별들은 초신성 폭발로 삶을 마감하면서 금속 원소를 만들어 냈습니다. 그리고 그것들을 성운에 뿌렸습니다. 별들이 세대를 거듭하면서 만든 원소들이 충분히 쌓인 어느 성운에서 태양계가 탄생했습니다. 태양은 핵융합 반응을 하면서 별이 되었고 그렇지 못한 지구는 행성으로 남았습니다. 그러니 우리 몸을 이루는 원소들은 모두 우주 공간에서, 그리고 별의 내부에서 왔습니다. 오래전에 우주 어딘가에서 만들어진 원소가 우주적 업사이클링(upcycling)을 통해 지금 이 순간 바로 이 지구에서 우리 몸을 이루는 성분이 되었습니다.

별과 우리는 연결되어 있습니다. '은유'로서가 아니라 정말로 '화학적으로' 연결되어 있다는 말입니다. 말 그대로 '별에서 온 우리'입니다. 그래서 천문학자들은 우리를 '별먼지', 영어로는 'stardust'라고 부릅니다. 사실 우리가 만나는 모든 물체가 다 별먼지입니다. 따라서 "인간이란 어떤 존재인가?"라는 질문에 저는 이렇게 답하겠습니다. "별먼지다." 이쯤 되면 제가 왜 별을 보며 아련함을 느꼈는지, 과학적으로도 설명이 되겠지요? 그것은 마치 떠나온 고향을 그리워하는 것과 마찬가지였던 것입니다.

그렇지만 우리는 단순한 별먼지가 아닙니다. 지구 생명은 진화를 거듭해서 지적 능력을 가지게 되었습니다. 지구는 하찮은 티끌 같은 존재일 뿐이지만, 동시에 우주의 근원을 궁리하는 아주 지적인 존재를 탄생시켰습니다. 광활한 공간과 유구한 시간을 고려하면 작고 연약한 존재일 뿐인 우리 인간은 '생각하는 별먼지', 혹은 '별 헤는 먼지'였던 것입니다. 우리처럼 우주를 생각하는 외계 지적 생명체가 어딘가에는 있을 것입니다. 그들도 생각하는 별먼지겠지요. 그런 의미에서 그들도 우리와 '연결'되어 있습니다. 이처럼 별들은 우리의 존재와 과거의 이야기를 상기시키며, 우리가 이 거대한 우주에서 얼마나 소중하고 특별한 존재인지를 깨닫게 해 줍니다.

우주 속 자신의 위치를 알게 된 별 헤는 먼지로서 우리는, 이제 다시 세상에 대해서 생각해 볼 때가 된 것 같습니다. 밤하늘의 별을 보면서 경이로움과 허망함을 느끼고, 두려움 속에서 가상의 전설, 신화, 종교를 창조하며 문명을 건설했던 조상들의 우산에서 벗어날 때가 되었다는 것입니다. 그렇게 할 수 있는 시대가 왔습니다. 현대를 살아가는 별먼지로서 우리는 어떤 태도로 세상을 마주할 것인지 어떤 실천을 해야 할 것인지 진지하게 생각해야 할 분기점에 다다랐습니다.

부인할 수 없는 '존재의 우발성'

장대익

여기 생명의 거대한 나무가 있습니다. 제가 강연을 할 때면 거의 매번 사용하는 삽화입니다. (다음 쪽 참조) 생명의 거대한 나무는 크게 세균(bacteria), 고세균(archaea), 그리고 진핵 생물군(eukaryotes)으로 나뉘어 있습니다. 나무의 가지 끝, 그러니까 부채 모양의 가장 바깥쪽에 현존하는 종들이 표현되어 있습니다. 그리고 중간에 끊어진 가지들은 '멸절'했음을 나타내지요.

6500만 년 전에 생명의 거대한 나무에서 우리가 잘 알고 있는 큰 사건이 일어났습니다. 예, 바로 공룡의 멸절입니다. 공룡은 우리

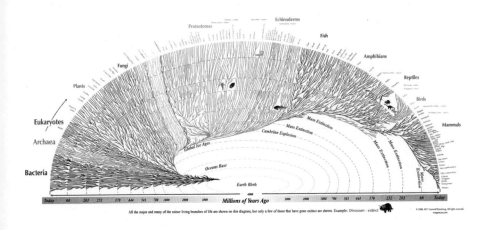

생명의 나무. 진화론 교육 사이트 evogeneao.com의 이미지를 화면 갈무리한 것이다.

가 상상할 수도 없는 오랜 기간, 그러니까 약 1억 4000만 년 동안 지구를 지배했습니다. 그러니 만약 1억 년 전에 외계인 과학자가 지구를 관찰하고 지구에 존재하고 있는 생명체들에 대해 보고서를 썼다면 지구는 공룡이 접수했다고 썼을 것입니다.

그러다가 공룡이 멸절했고, 덕분에 포유류, 영장류의 세계가 열렸지요. 이 사건의 가장 중요한 계기는 소행성의 충돌입니다. 물론 소행성에 맞아 죽은 공룡도 있었겠지만, 그보다도 훨씬 큰 영향을 주었던 것은 바로 충돌로 발생한 먼지입니다. 6500만 년 전에 지구에 떨어진 소행성의 위력은 핵폭탄 수천 발이 동시에 떨어진 것과 맞먹을 정도였다고 합니다. 지구에 커다란 소행성이 떨어지자 지구 대기는 먼지로 가득 차게 되었고, 햇빛을 받지 못한 식물들은 광합성을 할

별먼지와 잔가지의 과학 인생 학교

수 없었지요. 그로 인해 식물을 대량으로 먹어야 했던 거대 공룡들이 죽어 나갈 수밖에 없었습니다. 그렇게 공룡들은 서서히, 그러니까 수만 년에 걸쳐 멸절하게 되었지요. 이런 일들 덕분에 당시 동굴 속에서 찍찍거리며 돌아다니던, 크기가 작았기 때문에 상대적으로 많은 먹이가 필요치 않았던 우리 포유류 조상들이 살아남을 수 있었고, 이후 영장류의 세계가 펼쳐지게 되었습니다. 여러분이 혹시 소행성을 보게 된다면, 감사의 묵념을 올려 주세요. 그게 떨어졌기 때문에 우리가 이렇게 존재하는 것이니까요.

이 얘기의 요지는, 우주가 빅뱅으로 시작해 우리 인류가 탄생하기까지 뭔가 필연적인 일들이 일어났을 것처럼 여겨지지만, 실제로 인류의 출현은 우연적 사건들의 결과였다는 것입니다. 우리는 어쩌다가 생긴 종이고, 어쩌다가 융성하게 된 우발적인 존재라고 할 수 있습니다.

저는 이것이 '진화론적 실존주의'의 가장 중요한 측면이라고 생각합니다. 이 점을 좀 더 실감나게 말씀드려 볼까요? 현재 시점에서 생명의 잔가지들은 지금까지 지구에 생존했던 모든 종들의 대략 1퍼센트밖에 되지 않습니다. 다시 말해, 99퍼센트는 다 멸절한 것이지요. 그러니까 지금 존재하는 종들은 엄청난 우연 속에서 극도로 운 좋게 살아남은 생명인 것입니다.

지금 여러분이 이 책을 펼쳐 읽고 있는 것도 여러분의 어머니와 아버지가 사랑을 나눴기 때문이지요. 자, 그러면 너무 당연하겠지만 그 어머니와 아버지를 있게 한 할머니, 할아버지를 떠올려 보세요. 그분들이 눈이 맞지 않으셨다면 여러분은 여기에 존재할 수가 없습니다. 이렇게 거슬러 올라가면 그 어딘가에서 한 고리만 끊겼어도 여러분은 아예 이 세상 사람이 아니게 됩니다. 그러므로 냉정하게 얘기하면 여러분이 지금 여기 존재한다는 것은 엄청난 우연들이 쌓이고 쌓인 결과일 뿐이지요.

사람들은 이 모든 것들이 다 우연이라는 사실을 받아들이기 불편해합니다. 그래서 이런 우연의 연속을 '필연'이라고 포장하지요. 즉 내가 존재한다는 것이 뭔가 '필연적인', '어떤 중요한 이유가 있어서'인 것처럼 의미를 부여한다는 말입니다. 하지만 '진화론'이라는 '과학'은 전혀 그런 것이 아니라고 말하고 있습니다. 우리가 존재하는 것이 어떤 의미가 있어서, 혹은 누군가가 우리의 존재에 의미를 부여해서가 아니라, 그저 우연이 겹친 결과라는 것이지요.

잔가지

다시 생명의 거대한 나무를 보겠습니다. 왼쪽에 세균, 고세균이 있네요. 오른쪽으로 갈수록 우리가 흔히 고등 생물이라고 부르는 것들이 나타납니다. 우리 인류는 어디에 있을까요? 가장 오른쪽 부분을 확대해 보겠습니다.

별먼지와 잔가지의 과학 인생 학교

새로운 가지가 살짝 삐져나온 것이 보이나요? 거대한 생명의 나무에서 우리 호모 사피엔스는 많고 많은 생물 종들 중에서 극히 최근에 생긴 잔가지에 불과합니다. 우리는 영장목 호모(*Homo*) 속 가운데 유일하게 살아남은 종입니다. 호모 속에 속한 호모 하빌리스(*Homo habilis*), 호모 에렉투스(*Homo erectus*), 네안데르탈인(*Homo neanderthalensis*)까지 다 멸종했지요. '루시(Lucy)'라는 화석 이름 들어 보셨나요? 루시는 현생 인류와 공통 조상을 가지고 있는 고대 인류의 하위 분류군 중 하나인 오스트랄로피테쿠스(*Australopithecus*) 속에 속한 동물의 화석입니다. 두 발로 걸을 수 있었지만 뇌 크기는 작았고, 도구 사용 능력 등은 상대적으로 떨어졌습니다. 이 오스트랄로

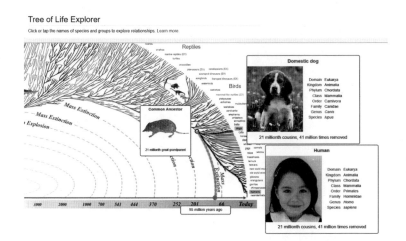

앞의 생명의 나무를 확대한 것. 잔가지의 잔가지의 잔가지에 우리 인류 전체가 매달려 있다. evogeneao.com의 이미지를 화면 갈무리한 것.

피테쿠스 속에 해당되는 종들도 모두 멸절했습니다. 현생 인류의 친척 종들은 결국 다 멸절하고 우리만 살아남은 것이지요.

만약에 외계인 과학자가 타임머신을 타고 4만 5000년 전과 4만 년 전 사이의 유럽에 도착했다면 호모 사피엔스가 사는 지역 인근에서 네안데르탈인이 사는 것을 봤을 것입니다. 우리보다 뇌 용량도 컸던 네안데르탈인의 멸종 원인에 대해서는 많은 가설이 있습니다. 호모 사피엔스와 식량, 자원, 토지 등의 자원을 두고 벌인 경쟁에서 도태되었다는 설, 기후 변화와 질병 확산에 대처하지 못했다는 설 등이 있지요. 어쨌든 우리는 가까운 친척들을 모두 잃고 매우 외로운 종이 되었습니다.

현재 우리 인류와 가장 가까운 종은 침팬지와 보노보입니다. 최근의 유전학 연구에 따르면 보노보는 인간과의 유전적 일치도가 침팬지에 비해 약간 높다고 하지만, 침팬지에 비해 연구가 덜 되어 있습니다. 따라서 여기서는 침팬지와 인간을 비교해 보겠습니다. 인간과 침팬지는 약 600만 년 전에 공통 조상에서 갈라져 나왔습니다. (그러니까 침팬지는 우리의 조상이 아니라 우리와 공통 조상을 공유하고 있는 사촌 종이지요. 동물원에 가서 침팬지를 보고 "조상님 저기 계신다." 하시면 안 됩니다.) 침팬지는 우리와 조상을 공유하고 있다는 점에서 '살아 있는 링크'라 할 수 있습니다. 우리가 어떤 특성을 가지고 있다고 할 때, 그 특성을 이해하기 위해서는 그것이 어디서부터 나온 것인지를 따져 봐야 합니다. 그 특성을 누구와 공유하고 있는지를 알면 그것의 유래를 이해하는 데에 도움이 되겠지요. 이 때문에 살아 있는 링크인 침팬지를 연구해야 하는 것이지요.

침팬지와 인간을 비교해 보면 비슷한 부분이 많습니다. 특히 유전적으로, 다시 말해 DNA 염기 서열 측면에서는 거의 99퍼센트가 일치합니다. 하지만 1퍼센트 남짓한 불일치가 인간과 침팬지 사이에 상당한 차이를 만들어 냅니다. 예를 들면 인간 아기가 한 살 때 할 수 있는 일은 목을 겨우 가누고 아장아장 걷는 정도잖아요? 그런데 한 살배기 침팬지는 거짓말을 조금 보태면 나무 사이를 날아다닙니다. 신체적인 면에서 너무 다르지요. 그 말은 인간 아기는 아주 미숙한 상태에서 태어나고 오랫동안 길러져야 하는데, 침팬지는 우리보다는 훨씬 더 성숙한 상태에서 태어나고 성장도 빠르다는 것입니다.

도대체 왜 이런 차이가 나타나는지에 대해서 최근까지의 정설은 이렇습니다. 인간의 뇌는 다른 동물에 비해 상당히 큰 편인데, 큰 뇌를 가진 아이를 출산하기 위해서는 산도와 골반도 넓어야 합니다. 그러나 인간이 나무에서 내려와 직립을 하게 되면서 해부학적 구조가 변해서 아이가 나올 수 있는 산도가 좁아졌습니다. 인간의 골반이 커지는 데에도 한계가 있고요. 골반이 더 커지면 걷기와 같은 지상 활동에 어려움이 생기니까요. 또한 산모의 에너지 소비 및 건강 문제와도 관련 있습니다. 임신 기간이 길어질수록 산모가 지속적으로 많은 에너지를 아기를 위해 소비해야 하고, 고혈압, 당뇨병 등 건강 문제에 직면할 확률도 높아집니다. 게다가 아기 입장에서도 엄마의 뱃속에서 너무 오랫동안 자라게 되면 엄마로부터 공급받는 에너지가 부족해지게 됩니다. 이런 여러 이유로 인간의 아기는 아직 제대로 발달하지 않은 상태에서 태어나게 됩니다. 아기가 미숙한 상태로 이 세상에 나오면 스스로 할 수 있는 게 거의 없습니다. 그러니 야생에서 침팬지와 인간이 함께 태어난다면 침팬지가 살아남을 확률이 훨씬 더 높을 것입니다.

대신, 미숙한 상태에서 태어난 인간 아기는 상대적으로 일찍부터 외부 세계에서 시간을 보내면서 뇌를 발달시킵니다. 부모의 양육이라는 투자를 받으며 사회 환경과 상호 작용하는 가운데 엄청난 학습을 합니다. 언어, 문화, 사회적 규범 등을 익히며 인간만의 특성을 함양하는 것이지요. 그 결과, 인간은 문명을 만들었습니다. 침팬지는 그러지 못했고요.

아프리카에서 탄생한 호모 사피엔스는 지난 30만 년 동안 아프리카를 떠나 유라시아 대륙을 여행했고, 베링 해협을 건너 아메리카로 이동했으며, 태평양 너머 오스트레일리아까지 전 세계로 뻗어 나갔습니다. 육상 척추동물 중에서 이렇게 단기간에 이토록 넓은 지역에 퍼져 생태적으로 성공한 종은 우리가 유일합니다. 아마 외계인이 30만 년 전에 지구에 와서 지금까지 우리가 살아온 모습을 지켜봤다면, 그들은 호모 사피엔스가 막둥이 종임에도 불구하고 지구를 지배하게 된 이유에 대해서 연구를 하지 않을 수 없을 것입니다.

우리 뇌에 새겨진 사회성

'무엇이 침팬지와 인간의 길을 갈라놓았는가?'라는 질문에 대해 좀 더 깊이 생각해 보겠습니다. 인류가 침팬지와 갈라진 후 600만 년 동안 도대체 무슨 일이 있었던 것일까요? 무슨 차이가 있었기에, 침팬지는 우리의 도움이 없으면 아프리카에서 나올 수도 없는 존재가 되었고, 우리 조상은 전 세계로 뻗어 나가 지구의 정복자가 되었는가 말입니다.

이에 대해 많은 가설이 제시되었지만, 그중에서도 가장 주요한 두 가지 이론을 설명해 보겠습니다. 우선, '사회적 뇌 가설(social brain hypothesis)'이라는 것이 있습니다. 사회적 뇌 가설은 영장류의 뇌와 사회적 복잡성 사이에 상관 관계가 있다는 가설입니다. 침팬지의 뇌 용량은 400세제곱센티미터 정도인 반면, 인간의 뇌 용량은 1,350세제곱센티미터 정도 됩니다. 인간의 뇌가 침팬지에 비해 대략 3배 정도 큰 셈이지요. 하지만 뇌 용량 자체가 지능을 결정하는 가장 중요한 요인은 아닙니다. 일례로, 코끼리나 고래의 뇌 용량은 인간에 비해 월등히 크지만 그들은 우리처럼 지구를 평정하지 못했지요.

중요한 것은 '신피질비(neocortex ratio)'입니다. 신피질비란 뇌에서 신피질(neocortex)을 제외한 나머지 부분에 대한 신피질 크기의 비율을 의미합니다. 신피질은 뇌의 가장 외곽부, 그러니까 주름진 부분에 있으며 사고, 의사 결정, 추론, 문제 해결 등 고차원의 인지 기능과 관련이 있습니다. 일반적으로 신피질비가 높은 종은 더 높은 인지 능력을 가지고 있다고 여겨집니다. 따라서 신피질비는 종 간의 지능과 사회성, 복잡한 행동 능력 등을 비교하는 데 사용되지요. 인간은 동물 중에서 가장 높은 신피질비(4.1)를 가지고 있으며, 이는 인간이 지구에서 가장 높은 지적 능력과 사회적 복잡성을 가지고 있다는 점의 근거 중 하나가 됩니다.

'던바의 수'로 유명한 옥스퍼드 대학교의 진화 심리학 교수인 로빈 던바(Robin Dunbar, 1947년~)는 원숭이, 오랑우탄, 침팬지 같은 영장류 종들의 집단 크기가 그들의 신피질비에 비례한다는 것을 밝혔습니다. 영장류는 대체로 사회적인 동물들로, 조직 생활을 합니다. 그러나 영장류에 속한 각 종마다 개체들 간의 커뮤니케이션 규모, 즉 집단 크기가 다릅니다. 예를 들어, 침팬지는 인간보다는 집단 크기가 상당히 작지만 대체로 원숭이 종들보다는 큰 집단을 형성합니다. 연구 결과에 따르면, 신피질비가 3.22인 침팬지의 집단 크기는 50개체 정도인 반면, 신피질비가 4.1인 인간의 집단 크기는 150개체 정도 됩니다.[1] (이 150이 바로 '던바의 수'입니다.)

이 연구 결과는 사회적 뇌 가설을 뒷받침하는 데 중요한 역할을 했습니다. 사회적 뇌 가설에 따르면, 인간의 뇌, 특히 신피질은 고도의 사회적 복잡성과 긴밀한 상호 작용을 처리하기 위한 필요성에서 발전했습니다. 집단 생활에서 생기는 문제들을 해결하기 위해 상호 협력, 의사 소통, 계획 등의 복잡한 인지 능력이 필요했던 것이지요.

동물원에서 침팬지를 가만히 관찰해 본 경험이 있으신지 모르겠습니다. 대개 세 유형의 행동을 목격하실 것입니다. 먹거나 자거나 상대방의 등을 긁어 주는 행동. 등 긁기는, 정확히 말해, 털 고르기(grooming)입니다. 털 고르기는 사회성 행동 중 하나로 서로의 털을 고르고 정리하며 진드기와 같은 기생충을 제거하기도 하는 일종의 스킨십입니다. 누군가가 털 고르기를 해 주면 엔도르핀 같은 호르몬이 분비되어 기분이 좋아집니다. 그러니 털 고르기는 일종의 유대 관계 형성, 신뢰와 친밀감 증진을 위한 행위인 셈입니다. 또한 집단 내의 긴장 완화, 사회적 지위와 계급을 유지하거나 변경하는 데에 도움을 준다고도 알려져 있지요. 흥미롭게도 비슷한 서열의 개체들은 털 고르기를 서로 교환합니다. 친구가 1시간 정도 털 고르기를 해 주면, 나도 친구에게 비슷한 시간만큼 털 고르기를 해서 갚아 주는 것이지요. 50개체 정도로 구성된 침팬지 집단은 이러한 털 고르기 행동을 통해 원만하게 유지됩니다.

그러나 집단의 크기가 훨씬 커진다면 어떨까요? 인간 집단의 경우 150~200개체로 이루어져 있는데, 이런 큰 규모의 집단에서도 털 고르기만으로 긴장을 완화시키고 원만한 사회 생활을 유지할 수 있을까요? 우리가 만일 침팬지처럼 털 고르기를 통해(털도 별로 없지만) 집단을 유지하는 종이라면, 문제가 심각해집니다. 여러분은 지금 이 책을 읽으면서도 옆 사람과의 관계를 유지하기 위해 털 고르기를 해 줘야 할 것입니다. 즉 집단을 유지하기 위해 하루 중 아주 오랜 시간을 털 고르기에 투자해야만 한다는 얘기입니다. 자연은 결코 이런 비효율적 솔루션을 진화시키지 않지요.

그렇다면 우리에게는 어떤 솔루션이 있었을까요? 서로 스킨십을 나누는 것도 좋지만, 비록 아부일지라도, "너 오늘 굉장히 예쁘다."라고 말해 주는 것도 상대방의 기분을 좋게 하고, 관계를 부드럽게 만드는 행동입니다. 마치 말로 하는 털 고르기인 셈이지요. 던바는 이것을 언어의 기원으로 봅니다. 즉 그는 언어가 사회적 목적을 위해 진화한 것이라 주장합니다. 언어를 통해 사람들은 더 큰 규모의 집단에서도 상호 작용을 할 수 있게 되었고, 사회적 유대를 유지할 수 있게 되었다는 것이지요. 던바는 언어가 인간의 뇌를 크게 만든 주된 이유라고 강조합니다.

이런 사회적 뇌 가설은 요즘 꽤 각광을 받는 이론입니다. 우리의 뇌가 이렇게 커진 것은 어떤 생태적인 문제를 해결하기 위한 것이 아니라 사회적인 문제를 해결하기 위한, 다시 말해서 집단 생활을 잘 유지하기 위한 도구였다는 것입니다. 사회성 때문에 뇌가 커졌다는 얘기지요.

거짓말은 고차원적 사회성의 증거?

인간의 사회성에 대해 좀 더 이야기해 볼까요? 예를 들어, '시선 따라가기(gaze following)'라는 게 있습니다. 어린 아이를 잘 보세요. 엄마랑 눈을 마주 보고 있는데 엄마가 갑자기 옆을 보면 아이도 따라서 그쪽을 봅니다. 엄마의 시선이 가리키는 방향으로 눈을 맞추려는 것이지요. 시선 따라가기는 다른 사람의 의도를 파악하고 관심을 일치시키는, 사회성의 기본이 되는 행동입니다. 그런데 이 시선 따라가기는 침팬지도 합니다. 인간만이 하는 것은 아니라는 것이지요.

그런데 '가리키기(pointing)'는 다릅니다. 손가락으로 무언가를 가리키며 "엄마 이게 뭐야? 아빠 이게 뭐야?"라고 묻는 것은 우리 아이들이 자주 하는 행동입니다. 자기의 관심을 다른 사람과 공유하려는 것이지요. 이것은 사회성의 아주 중요한 부분입니다. 그런데 대형 유인원 중 우리와 가장 가까운 침팬지와 보노보조차도 가리키기를 이해하지 못합니다. 제가 만약에 지금 "여러분 강의 시작하겠습니다."라면서 어딘가를 손가락으로 5초 동안 가리킨다면 대부분은 제 손이 가리키는 곳을 향해 시선을 돌리실 것입니다. 이것은 여러분의 사회성이 정상이라는 뜻이지요. 그런데 침팬지나 보노보 앞에서 손가락으로 어딘가를 가리키면, 그들은 손가락이 가리키는 곳을 보는 게 아니라 달려와서 제 손을 보려고 할 것입니다. 인간이 손가락이 가리키는 달을 보는 종이라면, 침팬지를 비롯한 다른 영장류들은 손가락 자체를 보는 종이지요.

인간은 타자와 공동으로 주의 집중을 하는 것을 넘어서서 타자의 마음을 읽을 수도 있습니다. 물론 독심술을 사용한다는 뜻은 아닙니다. 다른 사람의 의도, 생각, 감정 등 내면적인 상태를 이해하고 예측할 수 있는 인지 능력이 있다는 것이지요. 이러한 인지 능력을 조금 어려운 말로 '마음 이론(Theory of Mind)'이라고 합니다. 즉 인간은 마음 이론을 가졌기 때문에 상대의 마음속에서 일어나는 일을 자기 나름대로 이해하고 그것이 행동에 어떻게 영향을 줄 것인지 파악할 수 있습니다. 마음 이론은 사회적 상호 작용, 공감, 협력, 갈등 해결 등 인간의 사회적 상호 작용과 의사 소통에서 매우 중요한 역할을 합니다.

아이들이 세 살 반 정도가 되면 큰 변화가 생깁니다. 엄마한테 거짓말을 하기 시작하지요. 거짓말을 하려면 엄마의 마음을 잘 읽고 엄마의 정신 상태를 교묘하게 이용해야 합니다. 타자의 마음을 읽을 수 있는 능력이 생겼다는 뜻입니다. 그러니 아이가 첫 거짓말을 하는 날에는 혼내 줄 것이 아니라 사회성이 정상적으로 발달했다는 사실을 기념해 조용히 파티를 해 주셔야 합니다.

천재 운동 선수들은 신체 능력뿐만 아니라 머리도 아주 좋습니다. 축구 선수 리오넬 메시(Lionel Messi)를 보면 페인트 모션을 쓰면서 경기장을 헤집고 다니잖아요. 야구 선수도 마찬가지예요. 투수는 타자가 슬라이더를 노리고 있다고 추론하고 직구를 던집니다. 이 투수보다 더 뛰어난 타자는 투수가 직구를 던질 것을 알고 직구를 노리겠지요. 수 싸움을 하는 것입니다. 이것이 인간만이 가진 아주 독특한 특성인 마음 읽기 능력입니다.

여기서 더 나아가 인간은 더 복잡한 단계를 포함하는 '고차 지향성(higher-order intentionality)'이라는 능력을 가지고 있습니다. 예를 들어, 존이 어떤 생각을 하고 있을 때, 제인은 존이 무슨 생각을 하는지를 생각합니다. 그리고 톰은 제인이 존의 생각에 대해 어떻게 생각하고 있는지를 생각하지요. 더 복잡해지면 우리도 종종 헷갈리지만 어쨌든 우리는 다른 사람의 생각이나 의도를 여러 단계로 추론하고 이해할 수 있습니다. 'A가 B의 생각을 이해한다.'라고 한다면, 이는 일차 지향성이라 할 수 있습니다. 그러나 'A가, B가 C의 생각을 이해하는 것을 이해한다.'라는 것은 고차 지향성에 해당하지요. 인간은 고차의 지향성을 가진 존재입니다.

반면, 침팬지는 일차 지향성, 그러니까 마음 이론은 어느 정도 가지고 있지만, 인간처럼 고차 지향성을 가진 존재는 아닙니다. 그들은 다른 침팬지의 의도나 생각을 어느 정도는 이해할 수 있지만, 복잡한 단계로 발전하는 데에는 어려움을 겪습니다. 이런 한계는 침팬지의 사회적 상호 작용에서도 드러납니다. 침팬지는 동료들과 협력하거나 의사 소통을 하긴 하지만, 인간처럼 복잡한 감정이나 믿음에 관한 상호 작용을 이해하고 처리하지는 못합니다. 그들의 사회 구조도 인간보다 단순하며, 서열에 기반한 구조가 주를 이룹니다. (그러나 이러한 한계에도 불구하고 침팬지는 영장류 중에서도 높은 수준의 지능과 사회성을 가진 동물로 알려져 있습니다. 그들은 도구를 사용하거나 간단한 문제를 해결하는 능력을 보여 주기도 하지요. 또한 침팬지는 서로 간단하게 감정을 공유할 수 있고, 돌발적인 협력 행동을 보여 주기도 합니다.)

결론적으로 인간은 고차의 지향성과 복잡한 마음 이론 덕분에 더욱 발달된 사회성을 가지게 되었지만, 침팬지는 그보다 상대적으로 제한적인 사회성을 가지고 있습니다. 이러한 차이 때문에 인간은 복잡한 사회 구조와 문화를 발전시키며 다양한 문명을 만들어 온 반면, 침팬지는 아직 아프리카를 벗어나지 못한 채 단순한 생활을 하고 있습니다. 고차 지향성과 마음 이론은 인간을 매우 사회적인 동물로 만들었으며 협력을 통해 언어, 기술, 예술, 과학 등 다양한 분야에서 혁신적인 발전을 이루어 내는 데에 결정적인 역할을 했습니다. 저는 다른 어떤 동물보다도 뚜렷하게 나타나는 인간의 이러한 사회성을 '울트라소셜(ultra-social)'이라고 표현해 왔습니다.[2] 인간의 초사회성은 자연이 우리에게 준 고유한 특성입니다.

슈퍼 따라쟁이

인간에게는 또 다른 능력이 있습니다. 인간은 눈썰미가 아주 뛰어난, '따라쟁이'입니다. 그런데 이것은 인간만의 특징일까요? 영장류학자들은 20여 년 동안 문화 영장류학(cultural primatology)이라는 분야에 큰 관심을 가지고 연구해 왔습니다. 이 분야에서 연구하는 것은 아프리카 서쪽에 사는 침팬지들의 '견과류 깨 먹기(nut cracking)' 같은 행동입니다. 침팬지들은 판판한 큰 돌 위에 견과류를 올려놓고 돌로 내리쳐서 깨 먹습니다. 흥미로운 점은 남서쪽의 침팬지들은 주로 한 손에 돌을 쥔 채로 내리치는 반면, 북서쪽 침팬지들은 주로 두 손을 사용합니다. 이러한 지역적 특성은 문화적인 것으로 생각됩니다.

영국의 동물 행동학자이자 환경 운동가인 제인 구달(Jane Goodall, 1934년~)이 관찰한 바에 따르면 아프리카 동쪽 탄자니아에 위치한 곰베 스트림 국립 공원(Gombe Stream National Park)의 침팬지들은 아프리카 서쪽의 침팬지들과는 다르게 '흰개미 낚시'를 합니다. 흰개미 낚시는 흰개미 집에 나뭇가지를 찔러 넣어 나뭇가지를 타고 올라오는 흰개미들을 핥아 먹는 행위를 말하지요. 다른 침팬지들이 이 행동을 보고 배우기도 합니다. 그런데 아프리카 서부의 침팬지들이 견과류를 먹기 위해 돌에 견과류를 올려놓고 돌로 내리쳐서 깨 먹는 반면, 곰베에서는 그런 행위를 하는 침팬지들이 발견되지 않았지요.

그렇다면 아프리카 동쪽에는 견과류가 없어서 흰개미 낚시질을 하는 것일까요? 아닙니다. 거기에도 견과류가 널려 있습니다. 반대로 서쪽에는 흰개미가 없을까요? 아닙니다. 거기에도 흰개미는 있습니다. 만약 특정한 음식을 먹는 이유가 그것밖에 없기 때문이라면, 이는 문화적 행동이라고 보기 어렵습니다. 그러나 두 가지 선택지가 모두 존재하는데도 하나를 선택하고 다른 하나를 하지 않는다면, 그것은 모방을 통한 문화적 행동일 가능성이 높습니다. (문화는 모방과 사회적 학습을 통해 형성되는 특정한 행동 패턴들이 쌓여 만들어집니다.)

침팬지의 모방 능력 자체에 대해서 부인하는 사람은 거의 없습니다. 관건은 인간의 모방력과 침팬지의 모방력 간의 차이입니다. 관련해서 흥미로운 연구들이 많은데요, 결론적으로 말하면, 침팬지를 비롯한 일부 동물들도 다른 개체가 하는 행동의 '목적'은 잘 파악하고 그에 따라 행동합니다. 하지만 그 '과정'이나 '세부 절차'를 정교하게 따라하는 능력이 부족합니다. 제가 만약 여러분 앞에서 판토마임을 하면 여러분은 그 동작을 거의 똑같이 따라하실 수 있을 것입니다. 그러나 침팬지 앞에서 판토마임을 하면 그들은 '멘붕' 상태에 빠집니다. 목적이 무엇인지 파악할 수 없기 때문이지요. 침팬지는 목적 (가령, 먹이 획득)에 대해서는 민감하게 반응하고, 그 목적을 이루기 위한 행동을 따라하려고 노력하지만, 세부 절차에 대해서는 아주 부주의하다는 것입니다. 실제로 침팬지에게 상자에 든 먹이를 획득하는 여러 행동을 보여 주고 따라하도록 시키면, 먹이 획득과 상관없어 보이는 행동들은 과감하게 생략하고 먹이를 바로 집어먹는 영리함을 보여 주지요. 그에 반해 인간 어린이들은 (멍청하게도?) 쓸데없는 행동까지 모두 따라합니다.[3]

그런데 생각해 보세요. 영리하게 목적을 달성하는 침팬지와 달리, 왜 일견 쓸데없어 보이는 세부 절차까지 다 따라하는 우직한 인간만이 찬란한 문명을 만들 수 있었을까요? 개인의 성취만으로는 문명이 만들어지지 않습니다. 문명은 집단이 공유하는 엄청나게 복잡한 지식, 기술, 경험의 총체니까요. 인간은 세부적인 과정과 절차를 정교하게 모방함으로써, 지식과 기술을 축적하고 세대에서 세대로 전수할 수 있었습니다. 이런 점에서 인간은 '초모방자(super imitator)'로 진화했다고 말할 수 있습니다.

단순히 특정한 행동의 목적을 이해하고 그 목적을 이루기 위해 불필요하다고 여겨지는 절차를 생략했다면, 당장의 목적은 달성했을지 몰라도, 장기적으로는 지식과 기술을 지금처럼 축적하지 못했을 것입니다. 모든 과정과 절차는 각각의 역할과 중요성을 가지고 있지요. 불필요하다고 생각되는 절차가 사실은 예기치 못한 상황에서 중요한 역할을 하는 경우가 많습니다. 예를 들어, 1년에 한두 번 진행되는 소방 훈련은 대부분의 시간에는 필요 없어 보일 수 있지만, 화재가 발생했을 때에는 생명과 재산을 보호하는 결정적인 역할을 합니다. 현재의 소방 훈련 프로토콜은 그동안의 수많은 경험을 통해 마련된 세부 절차를 수정/보완해 만들어진 것이지요.

인간이 절차를 모두 이해하고(혹은 설령 미처 이해하지 못했다고 하더라도) 다른 사람들에게 전달함에 따라 우리 문명은 다양한 상황에서도 문제를 효과적으로 해결할 수 있는 유연성과 적응력을 갖추게 되었습니다. 따라서 다양한 도구 사용, 농업, 예술, 과학에서의 혁신과 그 지식이 세밀하게 누적될 수 있었고 문명은 발전할 수 있었던 것입니다.

인간은 단순한 모방을 넘어서서 적극적으로 가르친다는 특성을 가지고 있습니다. 침팬지들의 경우, 흰개미 낚시 같은 스킬을 터득하기 위해서 5~6년 정도 배워야 합니다. 여기서 배운다는 것은 간단히 말씀드리면 개체의 단독 학습, 자습을 의미합니다. 사람의 경우 아이가 무슨 행동을 하고 있으면 부모나 가족이 "잘했네." 하거나 "그게 아니라 이렇게 해야지." 하면서 고쳐 주잖아요. 이런 걸 '적극적 가르침(active teaching)'이라고 합니다. 반면, 침팬지들은 그저 관찰할 뿐 적극적으로 가르치지 않습니다. 그러니 침팬지 아이는 이런 저런 시행착오를 거쳐서 잘하게 될 수도 있지만 별로 나아지지 않을 수도 있습니다. 침팬지와 달리 인간은 '학교'라는 시스템까지 만들어 적극적으로 가르칩니다. 점수를 매기고, 경쟁을 부추기고, 심지어 학습 결과가 좋지 않을 때에는 벌을 주기도 하지요. 수능 시험에 나오는 문제들도 '이 시대의 대한민국 고등학교 졸업자라면 이만큼은 알아야 한다.'라는 기준을 바탕으로 출제됩니다. 수능을 포함한 입시 제도가 비판을 많이 받기는 하지만, 좋게 본다면 문명을 유지하기 위한 발버둥입니다.

이렇게 적극적 가르침은 문명에 있어 대단히 중요합니다. 적극적 가르침이 부족해서 문명이 붕괴된 경우가 실제로 있습니다. 그린란드 북서부에 거주하는 이누이트(Innuit) 족에게는 카약, 작살, 활

등을 만드는 기술이 필수적입니다. 그들은 북극이라는 극한 환경에서 주로 사냥이나 낚시 등으로 생존을 유지했기 때문이지요. 그런데 1820년대에 갑자기 전염병이 퍼져 노인들이 대거 사망했습니다. 게다가 당시에는 사람이 죽으면 그가 만든 모든 것을 같이 묻는 풍습이 있었기 때문에 사망한 노인들과 함께 카약, 작살, 활 등도 함께 묻혔습니다. 이누이트 족이 이룬 문명을 모두 묻어 버린 셈이지요. 인류의 모든 지식을 담은 도서관이 갑자기 불에 타 없어진 것과 다름없었지요. 기술을 가르칠 노하우를 가진 사람도, 그 기술도, 그리고 그 산물도 없어진 것입니다. 결국, 40년 동안 그 이누이트 족은 카약, 작살, 활을 만들지 못했습니다. 40년이 지난 후 구원의 손길이 오기 전까지 그들은 아사 직전의 상황에 내몰렸지요. 이 사례는 기술의 전수와 지식 공유가 문명의 유지와 발전에 얼마나 중요한지를 보여 줍니다. 그 이누이트 족 노인들이 사망하기 전에 젊은이들에게 자신들의 기술과 노하우를 충분히 적극적으로 가르쳐 주었더라면, 그들 사회가 붕괴 직전까지 내몰리는 상황은 오지 않았을 테니까요.

정리하자면, 절차까지 따라하는 정교한 모방과 적극적 가르침이 결합된 독보적인 사회적 학습 능력을 통해 인간은 다른 동물들과는 다른 길을 걷게 되었습니다. 좀 더 멋지게 표현해 보면, 인간만이 진짜 모방을 통해서 인지 자본(cognitive capitals)을 축적하고 전달할 수 있었다고 할 수 있습니다. 우리는 이전 세대가 이룩한 것에서부터 출발합니다. 뉴턴이 "내가 더 멀리 볼 수 있었다면, 그것은 거인의 어

깨 위에 올라서서 볼 수 있었기 때문이다."라고 말한 것처럼요. 실제로 침팬지 중에서도 간혹 스티브 잡스(Steve Jobs, 1955~2011년)와 같은 혁신적인 개체가 등장합니다. 그런데 행동이 전파되는 측면에서 보면 그 혁신은 지속되지 않습니다. 혁신은 일어날 수 있지만 모방을 통한 축적은 이루어지지 않는 것이지요. 이것이 침팬지 사회입니다. 침팬지는 항상 시작점에서 출발하는 반면, 우리는 세대를 거치면서 10미터 앞에서, 20미터 앞에서, 30미터 앞에서 시작하게 되었고, 그러다 문명을 만들게 된 것입니다.

가치에 매달리는 종

문화와 문명을 이룩한 호모 사피엔스에게는 눈치(사회성)와 눈썰미(모방력), 적극적 가르침(사회적 학습력)에 더해 또 다른 특성이 있습니다. 그것은 바로 비록 생존과 번식에 불리하더라도 자신의 가치와 신념에 따라 행동한다는 점입니다. 즉 인간은 다른 동물들과 달리, 생존과 번식이라는 생물 진화의 주요 목표를 초월해서, 더 높은 이상을 추구하고 그것을 지키기 위해 희생을 감수하기도 합니다. 「소크라테스의 죽음」이라는, 프랑스 화가 자크 루이 다비드(Jacques Louis David, 1748~1825년)의 작품을 보신 적이 있나요? 고대 그리스 철학자 소크라테스(Socrates, 기원전 470~399년)가 독약을 마시며 죽음을 맞는 장면을 그린 것이지요. 저는 "악법도 법."이라며 죽음을 택하는 이 장면에 '최초의 공식적인 밈(meme)'이라는 제목을 붙이고 싶습니다. 소크라테스는 자신이 만들어 놓은 가치(권위에 의문을 제기하고 독립적인 사고와 진리 추구를 권장하는 것, 도덕적 원칙과 이성을 중시하는 것) 때문에 자신의 유전적 적합도를 결국 완전히 상실하게 되었기 때문이지요.

혹시 자유를 위해 내 한 몸 불사르겠다고 하는 돼지 보신 적 있나요? 그런 침팬지 보셨나요? 없습니다. 인간이 아닌 동물들은 대체로 자신의 생존과 번식을 위해 삽니다. 집단을 위해 자신을 희생하는 이타적인 행동을 보이는 경우가 없지는 않지만 드물지요. 게다가 희생하는 개체도 어떤 가치나 신념을 지키고자 목숨을 바친 것은 아닙니다. 그런데 인간은 아주 독특하게도 종교나 정치적 신념, 인권, 동물 보호 등의 가치를 따르며, 때로는 이러한 가치를 위해 목숨을 걸고 싸우거나, 평생을 바치기도 합니다.

이는 영국의 생물학자이자 『이기적 유전자(The Selfish Gene)』라는 책으로 유명한 리처드 도킨스(Richard Dawkins, 1941년~)가 제시한 '밈' 이론과 관련 있습니다. 도킨스는 사람들의 마음속에서 전파되고 번식하는, 앞서 말한 신념이나 가치 등과 같은 문화적 복제자, 문화 전달 단위 혹은 모방 단위를 밈이라고 표현했습니다. 생물의 유전 정보를 저장하고 전달하는 DNA 분자의 특정 단위이면서 부모에서 자식으로 (수직적으로) 전달되는 유전자(gene)에 대비해, 사회적 상호 작용을 통해 한 개체/집단에서 다른 개체/집단으로 (수평적으로) 전달되는 또 다른 종류의 복제자라는 개념을 제시한 것이지요.

그런데 밈을 만들고 전파하는 인간은 스스로가 만든 밈의 지배를 받는 존재이기도 합니다. 민주주의나 자본주의 같은 것은 인간이 만들어 낸 체제이지만, 그런 것들이 오히려 우리를 지배하거나 소외시키기도 하지요. 우리는 문명을 만든 유일한 종으로 진화했지만, 그 문명으로 인해 자신을 옥죄는 유일한 종이 되었습니다. 심지어 우리 문명에 깃든 가치들이 우리의 손을 떠나 자율성을 가지는 것처럼 보이기도 하지요.

어쨌든 인간은 자신의 사회적 경험과 문화적 업적, 가치나 신념 같은 밈을 타인에게 전파해 왔습니다. 이러한 밈은 인간의 문명 발전에 큰 역할을 했습니다. 생존과 번식을 초월한 보다 높은 가치와 이상을 위해 예술을 발달시키고 사회적 진보를 이룩했지요. 인간의 정치 체제에서 민주주의나 인권 보호의 가치는 개인의 권리와 자유를 존중하며 사회적 평등을 추구하는 데에 중요한 역할을 합니다. 또한 이성과 진리 추구의 가치는 과학과 기술 발전의 원동력이 되었지요.

과학은 사상이다

요약해 봅시다. 진화의 시각으로 바라본 인류는 한마디로 잔가지입니다. 우리도 자연의 일부로서 수많은 종 중 하나에 불과하지요. 인간도 그저 하나의 자연적 존재라는 사실은 '인간이란 어떤 존재인가?'라는 실존적 물음에 대한 과학적 대답으로서, 우리 자신에 대한 올바른 메타인지라 할 수 있습니다. 메타인지란, '인지에 대한 인지'라고 할 수 있는데, 자신의 사고 과정과 인식, 학습 전략 등에 대한 인식 및 조절 능력을 의미합니다.

우리 주변에는 자신의 능력이나 지식을 과대 평가하며 거만한 태도를 보이는 사람들이 꼭 하나씩 있지요. 이런 사람들은 메타인지가 잘 안 되는 사람들이라 할 수 있습니다. 인지 심리학에서 메타인지 능력이 있다는 것은, 자기 자신의 사고 과정(thinking process)을 알아채고 그 과정 뒤에 있는 패턴을 이해하고 있다는 뜻입니다. 쉽게 말해, 자신을 객관적으로 파악할 수 있는 능력이 있다는 말이지요. 진화론이라는 과학은 우리 인간이 그저 30만 년 전에 우연히 출현해서 운 좋게 살아남았고 환경에 제법 잘 적응해 온 독특한 동물이라고 이야기합니다. 진화론 덕분에 비로소 인간은 메타인지를 제대로 하기 시작했다고 볼 수 있지요.

과학이 인간에 대해 말해 주는 또 다른 사실은 '왜 우리가 이런 존재가 되었는가?'라는 물음에 대한 답입니다. 그 답은 놀랍게도 사회성의 진화에 있습니다. 게다가 과학은 '무엇이 인간의 독특성인가?'에 대해서도 말을 합니다. 가치와 의미를 추구하는 인간의 독특한 행동(다른 동물의 세계에서는 전혀 볼 수 없는 행동)이 어떻게 진화했을까에 대해서도 이야기하는 것이지요.

우리가 그저 수많은 잔가지들 중 하나에 불과하다는 사실에 위축되고 거부감이 드나요? 하지만 이 사실을 제대로 이해한다면 우리는 종교적 경외감을 넘어 과학적 경이감에 다다를 수 있습니다. 진화를 받아들이면 인간의 존재와 모든 생명체의 다양성이 어떻게 형성되었는지 이해할 수 있게 됩니다. 이를 통해, '존재의 우발성(contingency)'이라는 개념은 더 이상 불편하게 느껴지지 않습니다. 오히려 생명과 인류, 그리고 나 자신에 대한 경이로움으로 충만하게 되지요. 생명의 기원으로부터 지금까지 거쳐 온 수많은 우발적인 변화와 사건이 모여 우리가 지금 이 순간을 살아가고 있다는 사실이 감탄스럽지 않나요? 그저 잔가지에 불과한 인간이 다른 동물들과 차별화된 사회성과 학습 능력을 가지고, 지구에서 유일하게 문명을 만들고 번성시켰습니다. 놀랍지 않나요? 저는 지금도 지구 생명의 역사를 담은 거대한 진화 계통수(系統樹, phylogenetic tree)를 마주할 때마다 이 수많은 생명체가 어떻게 형성되고 발전해 왔는지를 생각하며 머리를 조아리게 됩니다.

현대 과학은 인간에 대한 사실들은 계속 업데이트하고 있습니다. 그리고 이 업데이트된 내용은 새로운 가치들을 만들어 내지요. 새로운 가치와 사상은 대개 사실의 업데이트를 통해 생겨나기 때문입니다.

과학이 가치를 만들어 낸다? 제가 마치 새로운 이야기를 하는 것처럼 보이나요? 하지만 전혀 그렇지 않습니다. 과학은 곧, 사상이었습니다. 정보를 넘어선 새로운 가치였습니다. 니콜라우스 코페르니쿠스(Nicolaus Copernicus, 1473~1543년)가 그랬고, 찰스 다윈(Charles Darwin, 1809~1882년)이 그랬고, 알베르트 아인슈타인이 그랬고, 쿠르트 괴델(Kurt Gödel, 1906~1978년)이 그랬고, 앨런 튜링(Alan Turing, 1912~1954년)이 그랬습니다. 지구가 우주의 중심이 아니라는 생각, 인간이 지구 생명체의 정점이 아니라는 생각, 시공간이 상대적이라는 생각, 우리 지식에 한계가 있다는 생각, 인간의 두뇌를 컴퓨터와 같은 정보 처리 장치로 보는 관점, 이런 모든 것들이 과학과 과학자에서 시작했습니다. 과학은 단순히 이론이나 실험의 결과를 제공하는 것이 아니라, 인간이 이해하는 세계의 근본적인 틀을 바꾸는 놀라운 역할을 해 왔습니다. 과학적 발견들은 인간이 가진 근본적인 가치 체계와 세상에 대한 인식을 변화시키며, 우리의 삶과 사회의 발전을 이끌어 왔습니다. 그리고 과학은 계속해서 우주, 자연, 그리고 인간에 대해 적극적으로 답하고 있습니다.

천문학은 인간을 별먼지라고 말합니다. 진화학은 인간을 잔가지라고 합니다. 과학이 말하는 인간은 연약하지만 고고합니다. 미미하지만 위대합니다.

두 번째 시간

진짜 위안

"과학이 우리를 위로할 수 있을까?"

여러분, 지난 시간에 들으셨던 내용 기억하시나요? 이명현 선생님은 인간이 별먼지라고 말씀하셨고, 장대익 선생님은 인간이 잔가지라고 말씀하셨습니다. 아니, 인간이 그저 별먼지고 그저 잔가지라니! 흥미롭기는 하지만 어쩐지 저 자신이 초라해진 느낌이 듭니다. 너무 아무것도 아닌 존재인 것 같아서요. 그렇지 않나요? 물론 두 분 선생님께서 수많은 우연이 쌓이고 쌓여 지금의 우리가 존재한다는 사실이 경이롭다고 말씀하셨고, 여러분도 그 말에 동의할 거라 생각합니다. 하지만 뭔가 허망한 느낌은 지울 수 없을 것입니다.

저도 그랬습니다. 그 허망한 느낌을 지우기 위해, 나를 좀 더 의미 있는 존재로 만들기 위해, 교회나 성당에 가 봐야 하나, 철학책을 좀 읽어 봐야 하나 싶었습니다. 종교와 사상, 철학은 인간이 특별하다고 이야기할 것 같고, 내 존재를 축복해 주지 않을까 하는 생각이 들었거든요. 지금 내 삶이 왜 이렇게 되었는지도 설명해 줄 것 같고 말이지요.

과연 과학이 종교나 철학처럼 우리에게 위안을 줄 수 있을까요? 흔히들 과학은 이성적이고 냉철한 학문이라고 하는데, 그런 과학이 우리를 따뜻하게 위로해 주고 삶을 의미 있게 만들어 줄 수 있을까요? 이번 시간에는 종교, 사상/이념이 주는 위안과 과학이 주는 위안은 어떻게 다른지, 정말로 과학이 우리에게 위안을 줄 수 있는지에 대한 설명을 들어보도록 하겠습니다. 이번 시간에는 장 선생님께서 먼저 말씀해 주시겠습니다.

종교가 위안을 주는 시대의 쇠락

장대익

별가지와 잔가지에 불과한 인간이라니! 허무함이 느껴지시나요? 아니면 '인생 별거 없구나, 내 맘대로 멋지게 살아 봐야지.' 하는 생각이 드시나요?

많은 분이 우주 속의 인간의 지위에 대해 객관적으로 알게 되면 우주의 광대함과 자연의 위대함에 대비되는 인간의 유한함에 대해 깊은 인식을 하게 되면서 인생의 허망함을 호소합니다. 이 허망함을 극복하지 못하고 종교에 귀의하거나 허무주의에 빠져 의미 없는 삶을 꾸역꾸역 살아가는 사람도 있지요.

저는 묻고 싶어요. 정말 종교가 우리 인생에 위안을 주고 있다고 생각하시나요? 교회나 절에 나가면 위안이 되시나요? 새벽 기도회를 열심히 나가고, 불공을 부지런히 드리는 분들을 주변에서 보면, 본인 건강과 자녀 출세를 위한 기복 신앙을 가진 분도 많지만 의외로 허망한 삶에 대한 구원을 추구하는 분들도 적지 않습니다. 세속에서 치열한 삶을 살지만 위안은 종교를 통해 받고자 하는 사람들이지요. 그들은 종교가, 다른 건 몰라도, 사람들에게 삶의 가치와 의미를 제공한다고 믿는 것 같아요.

과학자 중에도 신을 믿는 분이 더러 있는데, 그런 분들의 얘기를 가만히 들어보면, 자신이 탐구하는 자연의 세계에 압도당한 나머지, 자신의 미미함을 크게 자각하고, 더 큰(크다고 생각되는) 존재를 의지하게 되었다고 고백합니다. 마치 동네 양아치들에게 얻어맞고 들어와 큰 형님 밑으로 기어 들어가는 꼴이지요. (너무 심한 비유인가요?) 더 큰 존재에게 의지함으로써 얻는 심리적 안정감 같은 게 있겠지요. 여기서 중요한 것은 종교에서 말하는 신이 실제로 존재하는가가 아닙니다. 그런 존재가 있다고 생각하고 그런 존재가 우리를 돌보고 어루만져 줄 것이라는 믿음, 그런 내러티브(narrative, 이야기 또는 서사)가 있으면 되는 것입니다.

유신(有神) 종교가 탄생해서 번성해 온 이유, 그리고 과학의 시대인 현재에도 여전히 적지 않은 영향력을 발휘하고 있는 이유는 바로 지금까지 남아 있는 종교들이 모두 그런 내러티브 역할을 매우 잘 해 왔기 때문일 것입니다. 유한함을 자각한 존재가 기댈 수 있는 대상은 덜 유한한 존재이고 최고는 무한한 존재인 신이겠지요. 안정을 추구하는 이런 심리 메커니즘은 충분히 이해됩니다. 하지만 그렇다고 무한하다고 여겨지는 그 존재, 이른바 '신'이 존재하는가는 완전히 다른 문제이지요.

왜 종교는 자연스럽게 느껴지는가?

솔직히 신의 존재 여부가 보통 사람들에게 얼마나 중요할까요? 신이 존재한다고 해서 먹고사는 문제가 해결됩니까? 하느님이 없다고 해서 무법천지가 되나요? 이런 믿음을 갖고 있느냐 없느냐에 상관없이 우리는 배고프면 고통스럽고 섹스를 하면 기분 좋고 친구가 떠나가면 외롭지요. 이게 삶의 본질이지요. 하지만 우리는 지난 수천 년을 신화와 종교를 믿어 왔고, 보이지 않는 것들에게 지배당해 왔습니다. 영민한 엘리트들이 만든 내러티브일 뿐인데도 말이지요.

현대 과학은 우리의 지식과 믿음의 근거에 대해 따져 묻습니다. 그리고 초월자에 대한 믿음은, 초월자가 있기 때문에 생긴 게 아니라, 뇌의 화학 작용이 만들어 낸 산물이라고. 우리 모두는 자신보다 더 큰 존재를 상정함으로써 큰 위안을 얻는 심리적으로 연약한 존재라고. 신이라는 개념은 인류가 더 큰 공동체로 세력 확장을 하기 위해 필요했던 감시 장치로 생겨났다고 이야기합니다.

불경스럽다고요? 누군가가 배가 고파서 음식을 허겁지겁 먹었다고 합시다. 여기에는 어떠한 불경스러운 표현도 없습니다. 그렇죠? 배가 고파 음식을 먹는 행위는 매우 자연스러운 행동이고, 그것을 이야기하는 것은 전혀 놀랄 만한 일이 아닙니다. 그렇다면 누군가가 자신의 연약함을 느껴 더 큰 존재를 갈망했다고 합시다. 이렇게 말하는 게 불경스러운 걸까요? 아닙니다. 우리가 모두 이해하고 있는 행동이기 때문이지요. 더 큰 존재를 갈망하는 인간은 심리적으로 충분히 설명 가능합니다. 자연스러운 행동에 대한 객관적 설명이 불경스럽다고 표현되는 것이 오히려 이상한 거겠지요.

핵심은 이것입니다. 종교는 매우 자연스럽습니다. 좀 더 정확히 말해, 초월자에 대한 믿음은 매우 자연스럽습니다. 칼 세이건(Carl Sagan, 1934~1996년)의 원작 소설을 영화화한 「콘택트(Contact)」에 이런 장면이 나오는데요, 인류를 대표해 우주선을 타고 거문고자리(Lyra) 베가(Vega) 별에 가게 될 대표를 뽑는 인터뷰 자리에서 심사 위원들이 천문학자 여주인공인 앨리너 애러웨이(Eleanor Arroway) 박사에게 질문합니다.

심사 위원 1: 당신은 신을 믿나요?
애러웨이: 과학자로서 저는 경험적 증거에 의존하며, 이 문제에 있어서는 어느 쪽이든, 그것을 뒷받침할 데이터가 존재한다고 생각

하지 않습니다.

심사 위원 2: 그러니까 당신의 대답은 사실상 신을 믿지 않는다는 거군요.

애러웨이: 저는 그 질문이 이 일과 무슨 관련이 있는지 모르겠습니다.

심사 위원 3: 애러웨이 박사, 인류의 95퍼센트가 어떤 형태로든 초월적 존재를 믿습니다. 그러니 이 질문은 적절하다고 여겨집니다.

이 심사 위원의 문제 제기는 한마디로 신을 믿는 것은 자연스러운 행동이라는 것입니다. 하지만 과학자인 주인공은 자연스러움과 진실의 간극이 크다는 사실을 잘 알고 있었지요.

왜 과학은 부자연스러운가?

종교가 자연스럽다고 할 때 오해하지 말아야 할 게 있습니다. 종교의 모든 부분이 자연스러운 것은 아닙니다. 그리스도교의 경우, 삼위일체 신학은 전혀 자연스럽지 않습니다. 성부(聖父)-성자(聖子)-성령(聖靈)이 하나라는 게 이해가 되십니까? 아니, 죽은 시체가 3일 만에 부활했다는 게 사실일 수 있을까요? 이런 신학은 대체로 자연스럽지도, (현대적 관점에서) 이성적이지도 않습니다. 만들어 낸 이야기이기 때문이지요.

하지만 신이 모든 생명을 창조했다는 창조 신학은 어딘가 모르게 자연스러운 구석이 있습니다. 신 존재 증명에 흔히 쓰이는, "더 지적이고 능력 있는 존재가 덜 지적이고 부족한 존재를 만든다."라는 논변은 매우 직관적이고 자연스럽습니다. 오히려 자연 선택이라는 기계적인 과정을 통해 덜 복잡한 존재에서 더 복잡한 존재가 나올 수 있다는 진화론적 믿음이 훨씬 더 반직관적이고 부자연스럽지요.

한편, 모든 종교에서 거행되고 있는 여러 형태의 의식(儀式, ritual)들은 상당히 자연스럽습니다. 탄생, 고난, 죽음, 부활, 환희의 사이클을 기리는 그리스도교의 의식은 우리 삶을 표상하지요. 우리 삶의 여러 단계들과 매우 유사하지 않습니까? 종교의 위대함은 바로 이런 삶의 소중한 순간들을 공동체적으로 승화시킬 수 있는 실존적 장치들을 가지고 있다는 데 있습니다. 삼위일체와 부활 신학 때문에 그리스도교에 자신의 삶을 봉헌하는 사람의 비율은 사실 그리 높지 않을 것입니다. 대신 따뜻한 환대, 상호 돌봄, 축복과 배려와 같은 공동체성을 가장 강렬하게 느끼게 만들어 주는 곳인 교회에 기대고 싶어 교인 신분을 유지하려는 것 아닐까요?

집단 생활을 하는 사회성 동물인 호모 사피엔스에게 이 공동체성이야말로 엄청난 마약입니다. 집단에 속해 있다는 느낌만큼 심리적 안정감을 주는 게 없지요. 자신이 몸담은 집단에서 쫓겨나는 것만큼 배신감과 외로움을 주는 게 없습니다. 따라서 요람에서 무덤까지 모든 일상을 공동체적으로 처리할 수 있는 시스템을 만든 종교는 멸절될 수 없습니다.

이제 이해가 되시나요? 과학적으로 인간의 유한함을 자각한 인간이 왜 그 위안을 과학에서 찾으려 하지 않고 종교에 귀의하려고 하는지를 말입니다. 더 큰 존재를 주인공으로 하는 내러티브는 미약한 존재에게 심리적 안정감을 주는 처방전이었습니다. 공동체성을 맛보게 만드는 종교적 의식은 사회적 존재의 소속감 제고를 위한 최고의 솔루션이었습니다.

그렇다면 과학은 어떨까요? 물론 매우 직관적이고 자연스러운 과학도 존재합니다. 무거운 물체는 아래로 떨어지지요. 중력은 침팬지도 이해합니다. (중력 법칙을 발견하지는 못했지만요.) 생물의 세계에 관한 분류 작업은 매우 자연스러운 작업입니다. 타인의 행동을 관찰하고 그 사람의 믿음과 욕구를 이해하는 것도 매우 자연스럽습니다. 이것들을 각각 통속 물리학(folk physics), 통속 생물학(folk biology), 통속 심리학(folk psychology)이라고 부릅니다. 우리는 이런 능력을 가지고 태어납니다. 다시 말해 우리 모두는 선천적으로 어설픈 과학자입니다.

그러나 과학 지식은 그냥 우주와 지구라는 행성 속에서 인간의 좌표가 어디쯤인가만을 쿨하게 찍어 주는 듯이 보입니다. 과학을 통해서는 소속감은커녕 소외감을 느끼게 되는 것 같습니다. 소수의 똑똑한 사람들이나 하는 지적 게임처럼 보이니까요. 아무리 들어도 알쏭달쏭한 양자 역학이 우리 삶에 어떤 위안을 줄 수 있을지 상상이

안 됩니다.

그렇습니다. 과학은 부자연스럽습니다. 우리의 뇌는 미적분을 풀도록 진화하지 않았지요. 양자 역학을 이해하기 위해 뇌가 커진 것도 아닙니다. 우리의 뇌는 복잡한 영장류 사회에서 살아남아야 하는 과정에서 진화했지요. 인간의 논리는 남을 설득하고 사기꾼을 탐지하는 과정에서 진화한 것이지 논리학 시험에서 100점 맞기 위해 진화한 것이 아닙니다. 미국 스탠퍼드 대학교에서 의사 결정 과정을 연구하는 대학원 학생들도 논리학 시험에서 일반인들보다 조금 더 높은 점수만을 받을 뿐입니다. 확률과 통계, 미분과 적분은 현생 인류의 30만 년 진화 역사에서 500년도 안 된 최신 발명입니다. 열심히 배워도 이해할까 말까지요. (그러니 잘 못 한다고 너무 좌절하지 마세요.)

상대성 이론, 양자 역학, 진화 생물학, 뇌과학이 밝혀낸 원리와 메커니즘은 절대로 자연스럽지 않습니다. 어떻게 고양이가 반쯤 죽어 있고 반쯤 살아 있을 수 있고(슈뢰딩거의 고양이), 어떻게 쌍둥이 중 지구에 남아 있던 사람이 우주선을 타고 다른 행성에 다녀온 사람보다 더 늙을 수 있으며(쌍둥이 패러독스), 어떻게 벌레 파먹은 잎과 똑같이 생긴 등딱지를 가진 곤충이 자연적 원인으로 생겨날 수 있는지(자연 선택을 통한 진화), 이런 지식은 결코 자연스럽지 않습니다. 반직관적이에요. (그러니 이런 것들을 맞다고 인정하는 과학자들이 얼마나 대단한 겁니까?)

과학적 사고가 반직관적인 이유는 인간의 이성과 본성 사이의 긴장 관계 때문입니다. 인간의 본성은 직관, 경험, (기존에 받아들이고 있던) 상식, 감각 등을 통해 지각된 정보를 처리하는 데 초점을 맞춥니다. 이와 달리 과학적 사고는 논리, 증거, 실험 및 분석에 근거해 세상을 이해하려고 시도하지요. 약 30만 년이라는 긴 역사에서 호모 사피엔스는 대부분의 시간을 수렵과 채집을 하며 보냈습니다. 인생 자체가 생존을 위한 사투였던 호모 사피엔스에게 상황에 대한 빠른 판단은 생존과 직결되는 문제였습니다. 독사와 마주쳤는데도 빠르게 도망치거나 안전 거리를 유지해야 한다는 판단을 빠르게 내리지 못했다면, 그 개체는 일찍 죽어서 자손을 남기지 못했겠지요. 그러니 우리는 그런 상황에서 빠른 판단으로 살아남은 개체들의 후손이라고 생각하면 됩니다. 생존과 적응에 도움이 되는, 그러면서도 빠른 판단을 가능케 하는 직관적인 사고가 진화될 수밖에 없었던 것이지요. 한평생 비슷한 환경에서 살아가는 동물에게 그동안의 경험과 널리 알려진 상식에 따라 직관적으로 행동하는 것은 아주 현명한 태도였습니다.

그러나 과학적 사고는 이러한 직관에 의존하지 않고, 비편향적이고 객관적인 관점을 토대로, 체계적이고 논리적인 접근 방식을 사용해 복잡한 현상을 이해하는 것입니다. 말하자면 과학적 사고는 이성의 영역에 속하지요. 인간이 이성적인 태도를 가지는 데에는 많은 노력과 에너지가 소비됩니다. 진화적으로 인간은 많은 에너지를 소비하는 일에 어려움을 겪습니다. 우리 조상들은 에너지를 효율적으로 사용해야 하는 환경에서 살아왔습니다. 에너지(식량)는 희귀한 자원이었고, 생존과 번식을 위해 가능한 한 에너지를 절약해야 했지요. 직관적이고 자동적인 사고 방식이 선호된 것은 뇌의 인지 프로세스가 에너지를 적게 소모하는 방식으로 진화했기 때문이기도 합니다. 그런데 복잡한 문제를 해결하거나 추상적인 개념을 이해하는 데에는 상대적으로 많은 에너지와 시간이 필요합니다. 이성적 사고는 에너지를 효율적으로 사용하려는 인간의 본능과 상반되는 경향이 있지요. 따라서 인간은 에너지 소비가 적은 직관적인 사고 방식에 의존하는 경향이 있는 반면, 에너지 소비가 높은 과학적 사고에 대해 어려움을 겪고 부자연스럽다고 느끼는 것입니다.

이런 의미에서 우리가 과학으로부터 위안을 얻기란 상당히 어려운 일이었을 것입니다. 위안을 준 것은 심리적 불안감과 외로움을 직접 공략해 온 종교였습니다. 그게 가짜 위안이든 아니든, 그건 상관없습니다. 위안을 준다는 사실, 이 현상 자체는 우리가 받아들여야 해요. 그리고 저는 그게 말이 된다고 말씀드린 것입니다.

신의 자리에 앉은 돈

그런데 신자유주의가 맹위를 떨쳐 온 지난 반세기만을 놓고 보면, 우리에게 가장 큰 안정감을 주는 것은 종교라기보다 돈이 아닐까 싶습니다. 이런 우스갯소리가 있더군요.

한 사람이 어떤 스님에게 물었습니다. "스님, 돈으로 살 수 있는 가장 값진 것은 무엇인가요?"

스님이 이렇게 답합니다. "그것은 사람의 마음이다. 특히 후배와 가까운 친구들의 마음. 늘 잘 대해 주거라."

또 이렇게 물었지요. "그럼 지금 제가 돈으로도 살 수 없는 가장 값진 것은 무엇인가요?"

스님 가라사대, "반포 OO 아파트 38평형 B타입 발코니 확장형."

자본주의 세계에서 돈이 많으면 거의 모든 것을 얻을 수 있습니다. 우리가 고귀하게 생각하는 사랑, 우정, 아름다움, 그리고 자유도 돈으로 교환 가능한 것으로 보일 정도지요. 자본주의 초기에 화폐의 가치는 재화를 구입하는 데에서 왔습니다. 하지만 자본주의가 진화하면서 이제 돈은 재화를 넘어 경험, 사람, 그리고 모든 가치까지 마구 사들입니다. 서울의 좋은 입지에 자기 집이 있는 사람은 그렇지 않은 이들에 비해 엄청나게 많은 것을 소유한 셈입니다. 다니는 학교, 만나는 친구, 심지어 추구하는 삶의 가치마저 달라집니다.

수도권 아파트에 투자하지 말라는 정부의 공언을 곧이곧대로 믿고 직장만 열심히 다녔던 월급쟁이들은 '벼락거지'가 되었다고 한탄합니다. 우리는 돈이 없으면 불행한 사회에 살고 있습니다. 행복 연구에 따르면, 돈이 어느 정도는 있어야 행복합니다. 하지만 그 행복의 수준을 더 높이 올리기 위해서는 그 전보다 훨씬 더 많은 돈이 필요하지요. 가령, 가난해서 불행했던 연봉 3000만 원 월급쟁이가 연봉을 6000만 원씩 받게 되어 행복해졌다면, 또다시 그만한 행복을 얻기 위해서는 9000만 원이 아닌 1억 2000만 원쯤이 필요하다는 이야기입니다.

대부분의 사람들에게 있어 이 시대의 최고 가치는 종교가 아니라 돈입니다. 이 말을 "최고의 가치가 돈이어야 한다."는 이야기로 오해하지 마시기 바랍니다. 저는 현상을 이야기하는 것입니다. 우리가 만들어 낸 내러티브(돈으로 물건을 사고 팔 수 있다는 규약)가 없다면 그저 한갓 종잇조각에 불과한 돈이, 우리의 삶을 지배하는 것입니다. 왜일까요? 자본주의 사회는 모든 것을 돈으로 살 수 있게 허용하는 체제이기 때문입니다. 심지어 종교가 추구하는 영성도, 사람들은 돈으로 사려고 합니다. 따라서 물질 만능주의는 이 시대의 종교라 할 수 있습니다. 돈이 궁극의 가치인 것입니다. 돈이 위안이며 행복입니다.

만일 외계인이 지구에 와서 인간의 행동만을 보고 '인간의 최고 가치는 무엇일까? 무엇을 위해서 먹고 자고 싸는가?'에 대한 답을 찾는다면, 아마도 그들은 모두 돈에 주목할 것입니다. 돈 때문에 살고 행복해하고 불행해하고 죽는 인생을 보게 될 것이기 때문입니다. 다시 한번 강조하자면, 그 이유는 자본주의 사회가 돈으로 모든 것을 살 수 있는 것처럼 보이는 사회라는 것입니다. 만일 우리 사회가 돈

별먼지와 잔가지의 과학 인생 학교

이 아무리 많아도 살 수 없는 것들의 목록을 길게 만들어 놨다고 합시다. 아무리 돈이 많아도 집이 하나 있으면 부동산을 더 늘릴 수 없고, 인성이 못됐으면 집단 따돌림을 시키고, 탈법을 했으면 응당한 처벌을 하는 사회라면, 돈은 그저 삶을 더 편하게 해 주는 하나의 수단쯤으로 인식되었을 것입니다.

지난 1만 년 동안 종교는 삶의 의미 문제를 주물럭거렸고 위안에 집중했습니다. 그리고 자신의 영향력을 넓혀 모든 것을 관장하려 했지요. 그러다 17세기부터 시작된 과학 혁명과 18세기 산업 혁명, 그리고 19~20세기에 이르는 현대 과학의 분화와 테크놀로지의 고도화로 영향력이 축소되고 쇠퇴의 길로 들어섰습니다.

하지만 그 쇠퇴의 길에서 자본주의와 결탁된 물질 만능주의가 종교 이상으로 우리 삶을 통제하고 있습니다. 과학적 세계관이 종교적 세계관의 몰락에 결정타를 날린 것은 사실이지만, 종교의 자리에 건전한 과학적 세계관이 아닌, 천박한 자본주의(물질 만능주의)가 들어왔습니다. 그래서 과학이 차지해야 할 자리에 돈이 똬리를 틀고 앉아 있는 형국입니다. 과학이 힘든 지점이 바로 여기입니다. 과학의 늙은 적이 종교였다면 과학은 지금 젊고 쌩쌩한 적인 물질 만능주의를 만난 것이지요. 더욱 힘든 상대입니다. 돈은 모든 것을 다 빨아들이니까요.

그렇다면 이념과 철학은?

사실, 돈이 주는 위안에 대한 극렬한 반대도 있었습니다. 자본주의라는 이념과 체제가 결국 인간을 소외시킬 것이라 예견했던 마르크스주의가 대표적입니다. 마르크스주의는 19세기 말 카를 마르크스(Karl Marx, 1818~1883년)와 프리드리히 엥겔스(Friedrich Engels, 1820~1895년)가 발전시킨 정치 경제학 이론에서 파생된 이념으로, 자본주의에 내재된 여러 모순들로 인해 피지배 계급인 노동 계급이 공산주의 혁명을 일으킬 것이라는 주장을 담고 있습니다. 하지만 1세기가 더 지난 지금, (구)소련은 붕괴되었고, 중국과 북한 같은 공산 사회들은 강력한 중앙 집권 체제와 일당 독재, 그리고 중앙 계획 경제를 구현했을 뿐, 마르크스주의가 원래 내세웠던 '모든 소유권이 사라지고 각자의 능력대로 일하고 각자의 필요에 따라 모든 게 분배되는' 평등 사회와는 상당히 거리가 멉니다. 경제적 불평등을 줄이고 자본주의의 모순(과잉 생산과 노동 착취)을 극복하며 민주적인 경제 체제를 구축하려던 마르크스의 이상은 현실 속에서 작동하지 않았습니다. 그들의 주장과는 달리, 자본주의가 종말을 고하기는커녕, 여전히 건재하며 돈이 주는 위력과 위안은 더 커지고 있습니다.

물론 사회주의나 공산주의 사회를 꿈꾸는 것 자체가 문제는 아닙니다. 하지만 마르크스주의가 높은 이상과 정교한 이론에도 불구하고 현실에서 작동하지 않았다는 사실에 주목해야 합니다. 왜 그럴까요? 왜냐하면, 그 이념의 핵심부에는 인간 본성에 대한 철 지난 오해와 잘못된 믿음이 자리하고 있기 때문입니다.[1] 마르크스주의는 기본적으로 인간 본성이 고정되어 있지 않으며 사회적, 경제적 조건에 따라 변화한다고 주장합니다. 사회의 생산 수단(기술, 자본, 토지 등)과 생산 관계(소유권, 근로 관계 등) 같은 하부 구조가 상부 구조인 인간의 정신, 정치, 법, 종교, 문화, 철학 등을 결정한다고 보았지요.

그러나 첫 번째 시간에 논의했듯이, 현대 과학이 말해 준 바, 인간은 250만 년[2]의 수렵 채집기를 거치며 잘 적응된 특수한 심리 기제들을 마음에 장착했습니다. 이것은 생존과 번식을 위한 특수 장치들로서 우리의 본성을 구성합니다. 그리고 태어날 때부터 발현되는 이런 본성은 고정되어 있습니다. 어떤 환경과 상황에 놓이는지에 따라 전략적으로 약간의 양태 변화를 보일 뿐입니다. 진화학자들은 인간이 백지 상태로 태어나 어떤 조건 속에 놓이느냐에 따라 완전히 다른 존재가 될 수 있다는 인문·사회학자들의 통념을 받아들이지 않습니다. 근거가 없기 때문입니다.[3] 진화학자가 보기에 마르크스주의의 문제점은 인간 본성의 이런 측면을 간과하고 있다는 것입니다.

다윈주의자들은 사회 변화의 원동력을 계급 투쟁보다는 개인의 생존 투쟁에서 찾지만, 마르크스주의자들은 개인의 근본 동기와 욕구가 왜 진화했으며 어떻게 작동하는지에 별 관심이 없습니다. 한편 마르크스주의는 공동체를 중시하지만 정작 초사회적 종으로 진화한 인간의 여러 감정들에 대해서는 소홀합니다. 조직 생활을 하는 종으로 진화한 인간은 마르크스주의가 그리는 인간보다 훨씬 더 복잡하고 미묘한 존재입니다. 게다가 마르크스주의는 인간이 기본적으로 이기적이지만 동시에 협력하는 종이라는 사실을 진지하게 받아들이지 않습니다. 한마디로 마르크스주의는 인간에 대한 이해가 부족한 이념 체계라 할 수 있지요. 그러니 "종교는 인민의 아편"이라며 큰소리치던 그들은 지난 100여 년 동안 우리에게 삶의 위안을 주기는커녕 오히려 의문 부호만 만들어 냈던 것입니다.

흥미로운 점은 자본주의가 우리 시대의 이념과 지배 체제가 된 것도 인간 본성과 밀접한 관계가 있다는 사실입니다. 자본주의는 적어도 개인의 생존과 번식이라는 인간의 가장 강력한 동기와 욕망을 이해하고 그것을 활용하는 제도입니다. 그러나 현대 자본주의는 돈을 최고의 가치로 만들었고 돈이 주는 위안에 중독된 사람들을 만들어 내고 있습니다. 자본주의가 인류 전체의 생산성은 크게 높였지만 소득과 분배의 불평등 문제는 사피엔스 문명의 난제가 되었습니다. 환경 파괴와 기후 위기도 그 결과라 할 수 있습니다. 저는 작금의 자본주의도 인간의 초사회성을 반영하지 못하고 폭주하고 있는 제도이기 때문에 언젠가는 끝을 맞이할 것이라고 생각합니다. 999명의 불행을 바라보고 있는 1명은 결국 행복할 수 없습니다. 이게 인간입니다.

자, 그렇다면 신도, 돈도, 그리고 거대한 이념도 우리에게 진정한 위안이 될 수 없다면 대체 무엇이 그런 역할을 할 수 있을까요? 철학이 위안을 줄 수 있을까요? 가능합니다. 현 시점에서 삶의 의미와 용기를 제시하는 최고의 철학은 틀림없이 프리드리히 니체(Friedrich Nietzsche, 1844~1900년)의 철학일 것입니다. 그 유명한 『차라투스트라는 이렇게 말했다(*Also sprach Zarathustra*)』[4]에서 니체가 제시한 '위버멘시(Übermensch)'와 '영원 회귀(Ewige Wiederkunft)' 개념은 인간 존재의 의미와 그 존재에 대한 긍정을 설파한 위안의 철학이라 할 만합니다.

위버멘시는 삶의 허무를 극복하고 삶의 모든 순간을 받아들이며 살아가는 초인(superman 또는 overman) 같은 존재를 뜻합니다. 자기 스스로와 자기를 둘러싼 세계를 있는 그대로 인식하면서도 그것을 긍정하고 극복할 수 있는 존재입니다. 또 스스로 의미를 부여하고 그 의미를 완성시키는 존재이지요. 우리가 삶의 특정 순간이 영원히 반복될 것이라고 생각한다면, 그 순간을 어떻게 보내는지에 대한 선택은 매우 중요하게 느껴질 것입니다. 니체는 삶의 모든 순간을 마치 그 순간이 영원히 반복될 것처럼 살라고 제안합니다. 이것이 영원 회귀 개념입니다. 그것을 실천한다면 우리는 삶의 각 순간에 가치를 부여할 것이며 이를 통해 공허함과 지루함을 넘어서게 될 것입니다. 이렇게 니체의 철학에서 얻을 수 있는 교훈 중 하나는 삶의 의미와 가치는 주어지는 것이 아니라 개인이 스스로 만들어 가야 한다는 것입니다. 니체는 우리 인간이 삶의 무의미를 넘어 "짐승과 위버멘시 사이의 심연을 오가는 존재"라고 말합니다.

니체는 인간이 삶의 고통과 무의미함을 인정하고 포용하면서도 삶의 기쁨과 가치를 찾을 수 있는 용기를 가져야 한다고 말했습니다. 이러한 생각은 그의 "Amor Fati.", 즉 "운명을 사랑하라."라는 말로 요약됩니다. 니체는 인간이 끊임없는 자기 극복의 과정을 거쳐야 한다고 주장했습니다. 자신의 잠재력을 극대화하고 전통적인 도덕과 가치관에서 벗어나 자신만의 가치와 의미를 창조하라는 것이지요. 그는 전통적인 종교와 도덕이 그 의미를 상실했으며 인간을 노예나 짐승으로 전락시켰다고 비판하며 "모든 신은 죽었다."라고 선언했습니다. 따라서 그는 이제 개인은 외부의 권위나 전통적인 가치관이 아닌 자신만의 길을 개척함으로써 가치와 의미를 찾아야 한다고 주장했습니다.

어떻습니까? 멋진 이야기지요? 니체의 이런 철학은 요즘 사람들에게 가장 사랑받는 것이 되었습니다. "전통적 가치들의 붕괴로 인해 발생한 정신적 공허함과 삶의 무의미를 부정하거나 회피하지 마라."라는 그의 말은 용기를 주고 있습니다. "오히려 그 허무를 포용하고, 자기 초월의 노력을 통해 자신만의 가치와 의미를 찾으라."라는 말은 새로운 희망을 줍니다. 즉 니체는 우리의 위안이 신이나 돈으로부터 오는 것도 아니고, 그렇다고 외부의 어떤 철학이나 제도에서 오는 것도 아니며, 오직 자기 자신으로부터 나온다고 이야기하고 있습니다. 정말 아름다운 결론입니다. 하지만 여기에는 결정적인 게 하나 빠져 있습니다. 그것은 우리 자신에 대한 객관적 이해입니다. 다시 말해,

별먼지와 잔가지의 과학 인생 학교

그 근거가 되는 객관적인 사실은 제시하지 않은 채 사유를 통한 결론만 주장한다는 것입니다.

과학이 주는 위안은 무엇이 다른가?

그렇다면 과학이 주는 위안과 의미는 어떻게 다를까요? 일단 허구적이지 않습니다. 종교, 이념, 철학처럼 직관과 사유를 통한 결론이 아니라 경험적 사실들로부터 나온 것이기에 거짓 위안을 주지 않습니다. 세상과 인간에 대한 지식으로서 유통 기한이 지난 종교와 철학은 더 이상 사실의 차원에서 과학, 즉 과학적 방법론을 사용하는 학문과 경쟁이 되지 않습니다. 사실의 영역에서는 더 이상 진지하게 검토해 볼 가치가 없는 낡은 지식 체계이지요.

물론 철학 공부는 우리를 깊이 사유하고 예리하게 질문하게 만드는 미덕을 여전히 갖고 있습니다. 그리고 둘 다 가치의 영역에서는 아직도 경쟁력이 있습니다. 종교가 삶의 위안과 실존적 의미를 준다고 믿는 사람들이 지금도 많습니다. 앞서 이야기했듯이, 종교가 지니는 이런 지위는 일견 납득할 만합니다. 하지만 앞서 설명했듯이, 그것은 인간이 만든 이야기에 근거한 위안입니다. 우리의 기도를 들어주는 신이 존재하기란 거의 불가능합니다. 신은 우리의 삶을 이끌지 않습니다. 신의 뜻을 찾는 게 인생이 아닙니다. 신이 떠난 자리에 초월적 자아를 넣은 니체 철학은 하나의 대안이 될 수도 있습니다. 하지만 이 또한 인간에 대해 만든 또 다른 이야기일 뿐 실험적으로 검증(또는 반증) 가능한 인간에 대한 객관적 이해는 아닙니다.

과학이 주는 위안과 의미는 '사실'에 근거해 있습니다. 물론 이 사실이라는 것이 알고 보니 진리(참)가 아닐 수도 있지요. 하지만 과학은 새로운 발견을 통해 계속해서 사실을 업데이트하고 있고, 지금까지 과학을 통해 확립된 최신의 사실들은 진리에 가장 가까운 것들입니다. 우리가 별먼지고 생명의 잔가지라는 사실도 우리에게 위안을 줍니다. 광활한 우주에 던져진 미미한 존재로서 겸손할 수밖에 없게 만들어 주고, 그래서 사랑하며 견딜 수밖에 없는 외로운 존재라는 것을 알려주지만, 동시에 이 우주를 이해하고 품어 갈 수 있는 대단한 존재라는 사실을 알려주기도 합니다.

이 지점이 바로 천박한 물질 만능주의 세계관과 결을 달리하는 부분입니다. 우리는 역사를 통해, 교환의 수단으로 탄생한 화폐가 자본주의 체제에서 궁극의 목표로 전도되었음을 알게 되었습니다. 가히 현대인은 돈 때문에 살고 돈 때문에 죽습니다. 자신의 생존과 번식을 촉진하기 위해 고안해 낸 발명품이 되레 자신을 지배하는 형국입니다. 일찍이 게오르크 빌헬름 헤겔(Georg Wilhelm Friedrich Hegel, 1770~1831년)이 통찰했던 주인-노예 변증법의 사례 가운데 하나라고도 할 수 있겠지요? 도킨스의 『이기적 유전자』 11장의 중심 주제인 밈이 어떻게 인간의 뇌를 장악하는가에 대한 이야기와도 괘를

같이합니다.

우리는 스토리에 끌리는 동물입니다. 진화 심리학과 뇌과학이 밝혔듯이, 인간 본성이 깃든 스토리에는 거의 중독됩니다.[5] 출생의 비밀, 불륜, 질투, 복수 등을 소재로 한 막장 드라마에 수많은 사람이 열광하는 것을 보면 이해가 되지요? 우리는 그리스도교, 자본주의, 마르크스주의, 위버멘시 같은 내러티브를 발명했습니다. 우리에게 필요했기 때문이겠지요. 어느 순간 이런 내러티브들은 우리 정신과 삶을 지배하기도 합니다. 우리가 만든 내러티브가 되레 우리를 지배할 수 있다는 이 거대한 전도 현상마저도 과학적 탐구의 대상입니다.

첫 번째 시간에 잠깐 언급했던 메타인지의 관점에서 생각해 볼까요? 여러 번 강조했다시피, 과학은 이 우주 속에서 인간의 자리를 객관적으로 인식하게 합니다. 과학은 인류가 메타인지를 할 수 있게 해 주는 최고의 도구인 셈이지요. 종교는 특히, 종교 자체는 물론이고 종교를 믿는 인간에 대한 메타인지가 부족한 분야입니다. 종교는 무엇이든 할 수 있는 절대적인 신을 상정함으로써 인류를 과소 평가하는 내러티브를 만들었어요. 이념과 철학의 경우도 마르크스주의나 니체 철학에서 느낄 수 있듯이 매력적인 내러티브라 할 수는 있겠지만 객관화되지 않은 그럴듯한 사유 체계라는 한계를 지닙니다. 한편, 물질 만능주의는 인류에 대한 과대 평가 내러티브라 할 수 있습니다. 마치 뭐든지 교환 가능한 듯 보이는 돈처럼 인간의 능력을 부풀렸기 때문이지요.

인간은 이유가 필요한 동물입니다. 우리는 세상에서 일어나는 모든 사건과 현상에 대해 이해하기를 갈망합니다. 때때로 우리는 말도 안 되는 이유를 찾아내기도 합니다. 그저 우연이 지배하는 룰렛 게임에서 돈을 잃거나 딸 때조차도 똥 꿈을 꾸어서 돈을 딸 것이 확실하다는 식의 말도 안 되는 이유를 우리는 갖다 댑니다. 인간은 자신의 존재 이유도 찾아내야 했습니다. 그래서 종교라는 내러티브를 창조해 존재의 이유를 설명하고자 했지요. 종교가 쇠퇴하자 인간 중심의 이념과 철학이 생겨났습니다. 그러나 우리는 신화, 종교, 이념, 철학이라는 거대 내러티브를 넘어 또 하나의 특별한 내러티브를 발명했습니다. 그것은 바로 과학입니다. 입증된 사실들에 근거해 설계된 내러티브!

과학은 이유가 필요한 동물인 인간에게 존재의 이유와 현상에 대한 객관적이고 비교적 정확한 설명을 제공합니다. 과학은 우주의 기원에서부터 생명의 진화, 인간의 발전 과정에 이르기까지 모든 것을 탐구하며, 이런 지식을 바탕으로 존재의 의미를 찾아가는 길잡이 역할을 합니다. 그렇기에 과학은 이유가 필요한 동물을 위한 최종 대본이라고 할 수 있습니다.

천애 고아 인간

이명현

우주를 생각하면 아련함과 경이로움이 들다가 그 속의 존재인 인간을 생각하면 허무함과 허망함, 그리고 두려움이 생기는 것은 인지상정일 것입니다. 저도 우주와 자연을 생각할 때는 늘 경이로움에 가까운 느낌을 받지만 저 자신에 생각이 미치면 허무함이 몰려오곤 했습니다. 하지만 저라는 별먼지가 우주의 그 광막한 시공간의 역사를 머금었다는 것을 생각하면 이내 숭고함 같은 게 느껴집니다. 나아가 제가 잔가지라는 생각에 이르면 고귀함마저 느낍니다. 제가 고립된 외로운 존재가 아니라 온 우주와 화학적으로, 생물학적으로 연결되어 있다는 사실이 다른 어떤 이야기보다도 큰 위안을 줍니다.

그래도 138억 년의 역사를 가진 우주에서, 또 그토록 광활한 우주에서 고작 100년도 되지 않는 시간을 살아가는 자신이 불쌍해집니다. 이 작디작은 행성인 지구에서 태어나 다른 천체로 가 보지도 못하고 죽어야 한다는 사실을 생각하면 힘이 빠지고 절망적인 느낌까지 받기도 하지요. 하지만 저는 과학자로 훈련을 받아 왔고 별먼지와 잔가지라는 자각도 가지고 있습니다. 인간 존재에 대한 과학적 맥락을 이해하고, 나아가 과학적 태도를 바탕으로 행동하고 실천하며 살고 있습니다. 그럼에도 불구하고 경이로움과 허무함이 같이 몰려오고 미미하고 연약한 존재라는 인식이 경외감을 넘어서서 두려움이 되는 것까지 막을 수는 없습니다.

그러니 과학이 많은 진실을 밝혀낸 지금과 달리 여전히 많은 것이 무지의 베일로 가려져 있던 시절에는 어땠을까요? 우리 조상들은 별먼지와 잔가지라는 자각을 가질 수 있었을까요? 당연히 지금처럼 하지는 못했을 것입니다. 과학이 더 발전하고 세월이 흐르면 우리 후손들은 진리에 더 가까운 새로운 버전의 별먼지와 잔가지 담론을 가지게 되겠지요. 우리는 그들이 무슨 생각을 할지 솔직히 상상조차 하기 어렵습니다. 과학 역시 한계를 지닌 '시대의 학문'일 뿐입니다. 어떤 시대든 사람들은 그 시대가 규정한 한계 내에서 사고하고 행동할 수밖에 없습니다. 사람들은 언제나 상상력의 끄트머리를 잡고 인식의 한계를 확장하고자 애를 써 왔습니다. 그 역할을 오늘날에는 과

별먼지와 잔가지의 과학 인생 학교

학이 하고 있습니다. 과학이 탄생하기 전에는 종교나 철학 같은 것들이 그 역할을 담당했을 테고요. 과거의 지적 유산이 현재 관점에서 볼 때 부족한 부분이 있다거나 틀렸다고 하더라도 존중받아야 하는 이유가 여기에 있습니다. 그들은 늘 나름대로 최선의 선택을 했던 것이니까요.

칼 세이건과 앤 드루얀(Ann Druyan, 1949년~)은 부부가 함께 쓴 『잊혀진 조상의 그림자(*Shadows of Forgotten Ancestors*)』[1]에서 인류를 "우주적 천애 고아(cosmic orphan)"로 규정했지요. 도대체 어디서 왔는지, 왜 여기 존재하는지 모르는 존재. 이게 우리의 처지라니, 아찔하지 않나요? 이러한 처지 때문에 우리는 위안을 갈망하게 됩니다.

양자 역학과 상대성 이론, 그리고 빅뱅 우주론의 도움으로 우주의 탄생 직후 일어난 일들까지 이해하게 되었고, 진화론 덕분에 인류라는 종의 기원과 다른 생물들과의 관계를 이해하게 된 지금도 광막한 우주와 보잘것없는 인간의 처지라는 간극을 메우지 못하고 허무함과 두려움에 흔들리는데, 과학적 사실로 채워야 하는 지식 세계를 상상과 망상과 거칠고 짧은 삶의 경험으로 채워야 했던 과거에는 두려움이 더 강하게 작동했을 것입니다. 이를 이겨 내고 위안을 얻기 위해서는 무엇이든 했어야 했을 것입니다.

데이터를 신앙으로 바꾸는 믿음 엔진

진화 심리학에서는 종교의 기원도 자연 선택을 통한 진화라는 자연 현상으로 설명할 수 있다고 생각합니다. 우리 몸의 눈과 코와 같은 기관처럼, 혹은 우리 마음의 두려움이나 더러운 것을 기피하는 혐오감처럼 진화했다는 것이지요. 물론 진화 심리학자들 사이에서도 종교가 개체나 개체가 속한 집단의 생존과 번식에 직접적인 도움을 주는 적응으로서 진화했다고 주장하는 이도 있고, 다른 정신 능력들이 진화하는 과정에서 생긴 부산물이라고 주장하는 이도 있어 아직 갑론을박이 이어지고 있습니다.

하지만 어떤 현상을 보고 그것을 통해 우리에게 혜택이나 위험을 안기는 존재나 행위자가 있다고 추론한다거나, 자연의 인과 관계를 가상의 이야기를 만들어 연결한다거나, 자신의 어떤 행동이 천둥 번개나 가뭄이나 홍수 같은 자연 현상에 영향을 미친다고 믿는 인간 마음의 능력들이 한데 어우러져 두려움을 극복하기 위한 장치로 가상의 세계를 만들고 그것을 상징화, 조직화하는 작업을 함으로써 종교라는 현상을 빚어냈다는 데에는 동의를 하지요.

사실 진화 심리학의 연구 주제 중 하나가 '왜 사람들은 신 같은 망상을 계속 믿는가?'라는 것입니다. 진화 심리학의 답은 우리 뇌가 "믿음 엔진(belief engine)"이라는 것입니다. 미국의 회의주의 운동가로도 유명한 마이클 셔머(Michael Shermer, 1954년~)는 『믿음의 탄생

(*The Believing Brain*)』이라는 책에서 우리 뇌를 감각 기관을 통해 유입되는 감각 정보를 믿음으로 바꾸는 장치, 즉 믿음 엔진으로 정의합니다.[2] 우리 뇌는 세상에서 일어나는 일들을 패턴화하고 인과 관계 같은 그럴듯한 관계로 연결하도록 진화했습니다. 일단 이렇게 인과 관계로 연결된 패턴들은 쉽게 믿음으로 굳어지고, 뇌는 이 믿음을 정당화해 주는 증거를 편향적으로 찾고, 이렇게 찾아진 증거들은 다시 믿음을 감정적으로 증폭시켜 주는 식으로 믿음 엔진의 되먹임 회로가 돌아간다는 것입니다.

믿음 엔진이 한번 돌아가기 시작하면, 우리가 느낀 두려움의 감정은 순식간에 우주 삼라만상을 지배하는 전지전능하지만 실제로는 가상의 허수아비 같은 존재일 신을 만들어 내는 데까지 거침없이 나아갑니다. 그리고 믿음 엔진의 지배를 받는 우리 몸은 그것을 숭배하는 의식이나 의례를 체계적으로 만들어 내지요. 우리가 지금 보는 조직화된 종교는 이렇게 탄생했을 것입니다. 조직화된 종교에서는 자신들의 교리와 의식에 충성하는 정도에 따라 보상과 처벌을 달리했습니다. 이 보상과 처벌은 현실 시공간은 물론이고 가상 시공간에서도 이루어지는 것이었습니다. 사후 세계라는 아이디어를 고안해 내 그 구조와 원리를 다듬어 천국과 지옥으로 만들고 사람들을 천국 가는 신자(信者)와 지옥 가는 불신자(不信者)로 '갈라치기' 했습니다. 또 그것을 바탕으로 사람들을 협박하기도 하고 유인하기도 하고 보듬기도 하면서 가상 세계와 현실 세계를 모두 지배하는 데 성공했습니다.

종교마다 조금씩 다른 의식을 진행하고 조금씩 다른 세계관을 구축했습니다. 하지만 가상의 존재에 대한 두려움을 바탕으로 경외심과 충성심을 끌어내는 공포 통치라는 공통의 본질을 가지고 있습니다. 구원이 되었든 해탈이 되었든 현재 사는 세상을 벗어난 가상의 관념적인 시공간의 존재가 종교적 위안의 큰 부분을 차지합니다.

경이로움과 허무함, 그리고 두려움과 연민 같은 마음이 뒤섞인 상태는 많은 사람이 자주 경험하는 일상입니다. 삶과 존재의 의미를 찾다 가도 이내 허망해집니다. 전통적으로 종교는 이런 인간의 마음을 위로하는 역할을 잘 수행해 왔습니다. 우주와 생명의 진화에 대해서 거의 아무것도 모르던 시절에 종교는 나름대로의 방식으로 질서 있는 세계관을 구축했습니다. 그 세계관은 사람들에게 안정감을 주었고 마음이 가난한 사람들을 효과적으로 위로했지요. 종교는 사람들에게 삶의 의미와 목적을 제시함으로써 스스로를 보다 긍정적으로 인식하게 해 주었습니다. 이러한 긍정적인 인식은 사회적 활동에 적극적으로 참여하는 동기가 되어 주었고, 스트레스와 불안을 줄여 주었으며, 정신적 안정을 제공했지요.

종교가 적응이든 부산물이든, 진화 심리학은 종교가 인간의 생존과 번식에 이득을 주었다고 설명합니다. 종교가 사회적인 응집력을 키우고 공동체 내 협력을 강화해 다른 개인이나 다른 사회와의 생존 투쟁이나 경쟁에 도움을 주었다는 것이지요. 종교가 제시하는 규범이나 가치는 같은 종교를 믿는 사람들 사이의 신뢰와 협력을 강화합니다. 이러한 협력은 같은 종교를 믿는 집단의 생존에 필요한 영토와 자원을 효율적으로 확보하는 데, 그리고 집단이나 그 구성원이 위험에 처했을 때 자기를 희생해서라도 구조해야 할 때 큰 기여를 했을 것입니다. 동시에 서로 다른 종교를 믿는 개인과 집단 사이의 갈등과 긴장을 높이는 데에도 그만큼 역할을 했겠지요.

이제는 종교와 헤어져도 될 시간

칼 세이건이 그랬듯이 저도 그동안 종교가 해 온 역할을 존중하고 그 산물을 멋진 문화 유산으로 받아들입니다. 종교 역시 인간이 당대의 제한된 정보와 사실을 바탕으로 만들어 나름의 합리성, 나름의 인간다움을 띤 것이니까요. 그런 점에서 과학과 마찬가지이지요. 하지만 종교는 자신의 가르침을 검증 또는 반증하는 연구를 의식적으로 장려해 오지도 않았고, 과학의 동료 검토 같은 자기 비판 제도나 장치를 마련하지도 못했습니다. 그래서 자신들이 신봉해 오던 교리가 한계에 봉착했을 때마다, 혹은 자신들의 신과 성인과 이야기로 설명할 수 없는 사실이 밝혀지는 순간마다 갑자기 무능해집니다. 기독교와 힌두교 같은 현대의 주류 종교 이전 고대 종교들이 사라진 이유가 바로 여기에 있습니다.

이제 우리는 많은 것을 알게 되었고 진실에 좀 더 다가갔습니다. 종교가 만들어지던 시대에는 합리적인 이해와 행동이었지만 지금은 틀린 것으로 밝혀진 게 많습니다. 그것들은 새롭게 알게 된 사실들을 바탕으로 현대적으로 개혁되어야만 합니다. 쉽지는 않겠지요. 아마 신앙이 발목을 잡겠지요. 종교적 믿음은 이미 인간 본성에서 한 자리를 차지했는지도 모릅니다. 하지만 한때 생존에 유용했던 것들이 어느새 쓸데없는 것이 되듯 종교도 역기능이 심하게 눈에 띄는 시대로 접어들고 있다고 생각합니다.

일단, 지적인 측면에서 종교의 역할이 없어졌습니다. 특히 우주와 생명의 기원에 대한 탐구에서 종교는 무력합니다. 우주의 기원과 진화에 대해서는 수학적으로 이론을 세우고 관측을 통해 증명을 해 나가는 현장 과학이 답을 하고 있습니다. 물론 하나를 알면 새로운 질문이 열 가지 튀어나옵니다. 그렇지만 그때마다 과학자들은 새로운 이론을 세우고 새로운 실험 장치를 건설하고 새로운 과학자들을 양성하면서 차근차근 답을 제시해 나갑니다. 종교가 우주와 생명에 대해서 말할 수 있는 것은 낡고 제한된 정보로 구성된 스토리를 보강하거나 변명하는 것뿐입니다. 우주와 생명의 진짜 기원과 관련해서 종교로부터 들을 이야기는 이제 전혀 없습니다. 새로운 창세기를 쓰는 일은 이제 사제가 아니라 과학자에게 주어진 임무입니다.

이슬람이든, 힌두교든, 기독교든 전 세계의 많은 종교 기관들이 과학적 사실을 부인하고 진화 이론을 부정합니다. 특히 우리나라에서는 일부 개신교 교회들이 신도들에게 창조 과학이나 지적 설계론을 가르칩니다. 이런 교육을 받은 아이들은 교회라는 울타리 안에서는 진리 안에 있다는 위안을 받을 수도 있습니다. 그런데 이 아이들이 학교에 가서 과학적 사실을 바탕으로 한 정상적인 교육을 받게 되면 어떤 일이 일어날까요? 세계관에 혼란이 오겠지요. 당혹스러운 상황을 회피하기 위해 과학 공부를 포기하는 아이들도 많다고 들었습니다. 공포감을 느끼기도 한답니다. 심지어 정상적인 학교 생활을 포기하고 교회로 숨어 종교 생활만 하는 아이들도 있다지요. 이는 인권 문제일 수도 있습니다. 리처드 도킨스는 세계관이 정립되어 있지 않고 판단력이 부족한 아이들을 종교적인 전통 안에서 양육하는 것을 일종의 아동 학대라고 주장하기도 했지요. 저는 도킨스의 주장에 공감합니다. 그리고 종교의 자유가 아이들에게 정신적 폭력이나 학대로 이어지지 않기를 바랍니다.

사회적 측면에서도 종교의 설자리가 크게 줄어들고 있습니다. 사회적 신뢰와 협력을 강화하는 데 종교 교리와 종교 커뮤니티가 하는 일이 많지 않습니다. 형이상학적 위로와 일상적 위로도 종교만의 전유물이 아닙니다. 종교의 의례와 의식이 일상 생활에서 중요한 역할을 한다는 것은 사실이지만, 위안의 원천이 종교에만 있는 것은 아닙니다. 인간이 자신만의 가치를 발견하고 그것을 내면화해 도덕률로까지 승화시키는 방법은 다양합니다. 수많은 자원 봉사 단체가 신의 이름 없이, 제도 종교의 도움 없이 사람들의 양심과 공감 능력에 기대어 활동하고 있습니다. 종교적 색채를 탈색한 명상을 통해 정신적 안정과 마음의 평화를 찾는 이들도 많지요. 생계나 취미를 공유하는 사람들을 통해 정신적인 지지와 위안을 얻을 수도 있습니다. 독서나 여행, 아니면 SNS를 통해 삶의 다양성을 체험하고 스스로에 대해 더 깊이 알아 갈 수도 있지요.

개인이 가진 종교적 신앙을 문제 삼을 생각은 없습니다. 종교가 그동안 인류의 문화에 기여한 부분은 존중합니다. 하지만 우리는 이미 그 종교의 생물학적, 심리학적 기원을 탐구하는 사람들과 함께 살고 있으며, 종교적 가르침의 일부가 시대착오적인 것이 되어 버린 시대에 살고 있습니다. 그러니 변화해야 합니다. 종교의 속성상 내부적인 개혁은 어려울 것으로 보입니다. 그렇다면 이별할 수밖에요.

그동안 과학을 대신해 세상을 설명해 주던, 오래된 종교와 이제는 이별할 때입니다. 냉정하지만 아름다운 이별을 하고 싶습니다. 존중하되 현재성을 상실한 종교를 더 이상 논의의 상수(常數)로 두지 말자는 것이지요. 종교를 통한 위안은 개인적인 경험에 국한된 작은 위안으로만 남겨 두면 좋겠습니다. 고대 이집트와 메소포타미아, 그리스와 로마의 많은 신들이 별자리의 전설이 되어 떠나갔듯이, 현재의 종교와 그들의 신도 머지않아 자연스럽게 떠나갈 것입니다.

별먼지와 잔가지의 과학 인생 학교

당신은 혼자가 아니다

그렇다면 과학은 종교가 주던 위안을 줄 수 있을까요? 과학의 위안은 인간에 대한 과학의 설명을 받아들이는 데에서 출발합니다. 앞서 언급했던 것처럼 인간은 광활하고 유구한 우주 속에서, 티끌과 같은 작은 행성에서, 아주 짧은 순간 뭉쳤다 흩어지는 별먼지와 다름없는 존재입니다. 그리고 장 선생님이 이야기했듯이, 지금 지구에 존재하는 다른 동물들과 마찬가지로 생명의 거대한 나무 끝에서 흔들리는 하나의 잔가지일 뿐이지요. 정말 유한하고 약한 존재입니다. 일단 이것을 받아들여야 합니다. 사실이니까요. 하지만 절망할 필요는 전혀 없습니다. 이런 존재가 과학을 통해 우주를 관찰하고 이해하며 그 역사에 참여하고 있다는 반전이 기다리고 있기 때문입니다. 이 사실이, 저는 정말이지 너무나도 놀랍습니다. 스스로가 고귀하다고 느껴지기까지 합니다. 저는 여기서 큰 위안을 받습니다.

인간의 유한성을 생각하면 허무한 감정이 드는 것은 저도 마찬가지입니다. 그러나 그 허무함과 두려움을 외면하지 말고 그대로 받아들이는 용기가 필요합니다. 그러한 용기는 곧 과학적 태도의 구성 요소 중 하나입니다. 우주의 구성원으로서, 우리의 위치를 자각하게 된다면, 이러한 깨달음은 우리에게 겸손함을 선사하지요. 이 역시 과학적 태도의 또 다른 구성 요소입니다. 그리고 우리가 다른 인간들과 함께 어떻게 살아가야 하는지에 대한 통찰도 제공합니다. 우리에게 주어진 시공간이 허무할 정도로 유한한 만큼 우리에게 주어진 1분 1초, 하루하루가 더없이 소중해집니다. 그리고 다른 사람의 인생도 그만큼 소중해집니다. 우리는 서로 사랑하고 서로 위로하는 존재가 될 수 있습니다.

또한, 인간에 대한 과학적 설명을 받아들이고 나면, 자신과 자신을 둘러싼 사회를 더 잘 알게 됩니다. 종교나 이념이 제공하는 틀에 박힌 가치와 소명에서 벗어나, 스스로 자신의 삶을 개척할 수 있게 됩니다. 어떠한 삶의 방식이 나에게 적합한지, 그래서 어떻게 살 것인지를 고민할 때, 과학이 들려주는 인간의 기원과 본질은 큰 도움이 됩니다. 과학적 태도에 바탕을 둔 위안은 우리가 유한한 인생에서도 깊이 있는 삶의 만족감을 얻을 수 있도록 도와줍니다. 이를 통해 우리는 자기 인생의 목적과 의미를 발견(정의)하게 되며, 더욱 성장하고 발전하는 인간으로 거듭날 수 있게 됩니다.

우리는 과학적 지식을 통해 이 세상에서 일어나는 현상을 이해하고, 그 과정에서 도덕적, 윤리적 가치를 발견하고 그것을 내면화할 수 있습니다. 나아가 과학적 사실과 이해를 바탕으로 타인과 더욱 효과적으로 의사 소통하고 협력해 더 나은 사회를 건설할 수 있습니다. 예를 들어, 코로나19 바이러스가 야기한 팬데믹 상황에서 과학은 바이러스의 특성, 전파 방식, 예방법 등을 설명해 주었습니다. 이러한 지식을 바탕으로 서로 협력해 빠르게 대응책을 수립할 수 있었고, 공중 보건 시스템을 유지하며 사회 붕괴를 막을 수 있었지요. 그리고 빠른 백신 개발과 치료제 보급을 통해 유례없는 세계적 위기가 3년 정도만에 종식되었다는 것은 과학의 쾌거라 하지 않을 수 없습니다. 물론, 전 세계적으로 의료 자원이 공정하게 분배되었는지 등 몇몇 문제는 아쉬움을 남기지만 말입니다.

만일 전 세계인이 좀 더 과학적 지식을 적극적으로 수용했다면, 그리고 그로부터 도덕적, 윤리적 가치를 이끌어냈다면 경제적, 지리적, 인종적 불평등을 줄이는 일에 보다 적극적으로 동참할 수 있었을지도 모릅니다. 그것은 지구 공동체를 함께 살아가는 이웃을 도와주는 일이면서 장기적으로는 자신의 보건에도 긍정적인 영향을 주는 일임을 깨닫게 될 테니까 말이지요. 서로 간의 이해를 바탕으로 배려하고 공감하는 것은 평화롭게 공존하는 세상을 만드는 첫걸음입니다. 그 과정에서 인간은 다양성을 인정하고 포용하는 문화를 조성해 나갈 수 있습니다. 그것은 인간 사회의 발전과 진보에 큰 도움이 되겠지요.

요컨대, 과학적 지식은 인간들이 세상을 객관적으로 이해하고, 자신들의 삶과 우주의 본질에 대해 깊이 있는 인식을 가지게 해 줍니다. 이로 인해 인간은 더 넓은 시각에서 세상을 바라보며, 삶의 가치와 의미를 찾아 나갈 수 있게 됩니다. 과학적 지식을 바탕으로 한 깊이 있는 성찰은 타인을 이해하고 공감하는 보다 다양하고 포용적인 사회를 만들 수 있게 해 줍니다.

오랜 세월 동안 종교에 맡겨 두었던 위안의 역할을 이제는 과학이 물려받을 때가 되었습니다. 과학은, 단지 종교를 대체하는 것이 아니라, 그것을 넘어서서 미래를 향한 새로운 가치와 세계관을 만들 수 있습니다.

이런 의미에서 이 시간 시작 부분에서 이야기한 '천애 고아'라는 칼 세이건의 규정을 다시 살펴봐야 합니다. 그는 또 다른 자신의 대표작 『코스모스(*Cosmos*)』에서 "우리는 종으로서의 인류를 사랑해야 하며, 지구에게 충성해야 한다."라고 말했습니다.[3] 그렇다면 우리는 신의 버림을 받은, 기댈 곳 없는 '천애 고아'가 아닙니다. 함께 진화해 온 지구 생명이라는 뿌리 깊은 친척들이 있고 지구라는 몸과 마음을 바쳐 충성할 행성도 있습니다. 우리는 혼자가 아닙니다. 바로 이 지점에서부터 다시 우주와 우리의 의미와 가치를 찾아야 합니다. 우리 머릿속의 믿음 엔진이 오작동해 폭주하지 않도록 관리하면서 말이지요.

처음 이 지구에 발을 디뎠을 때에는 천애 고아인 줄 알았던 별먼지와 잔가지 들이 서로를 위로하고 서로 기대어 가며 다른 어떤 허구적인 존재의 도움도 받지 않고 오로지 과학을 지팡이 삼아 미래를 개척해 나가는 모습은 상상만 해도 아름답지 않을까요?

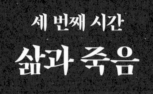

세 번째 시간

삶과 죽음

"과학은 '내 개인적 삶'에 과연
어떤 영향을 주는가?"

저는 종교나 철학에서 이야기하는 것들이 인간이라는 존재를 가치 있게 만들어 주고 힘들고 고된 우리의 삶을 위로해 준다는 것이 상식이라고 생각했습니다. 물론 그렇지요! 하지만 두 선생님의 이야기를 들어보니 그건 스토리에 기반한, 그러니까 검증되지 않은 허구에 기반한 위로였습니다. 이제는 과학이 이야기하는, 보다 진리에 가까운 사실을 근거로 가치 판단을 하는 것이 좋겠다는 생각이 듭니다.

과학이 우리와 우리를 둘러싼 이 환경에 대해 객관적으로 인식할 수 있게 해주고, 과학의 연구 결과를 응용한 기술이 우리의 삶을 더 풍요롭게 만들어 준다는 점에는 이견이 없을 것입니다. 하지만 여전히 과학이 대체 '내 개인적인 삶'과 무슨 관련이 있는지 잘 와 닿지 않는 분들이 많을 것 같습니다. 그래서 이번 시간에는 선생님들께서 좀 더 개인적인 이야기를 들려주신다고 합니다. 과학이 두 선생님의 개인적인 삶에 어떤 영향을 끼쳤을까요? 선생님들은 과학을 통해 삶의 의미를 알게 되었을까요? '죽음'에 대해서는 어떻게 생각하고 계실까요? 선생님들의 이야기를 듣다 보면, '과학을 통해 삶의 의미를 찾는다는 게 이런 거구나.', '과학적인 태도로 산다는 것이 이런 거구나.' 하는 생각이 드시지 않을까 기대합니다.

사례 연구, 이명현

이명현

초등학교 2학년 여름이었습니다. 커다란 모기장을 치고 온 가족이 마루에서 잠을 자고 있었습니다. 더워서인지 뒤척거리다가 깼는데, 마침 깨어 있던 어머니와 이야기를 나누게 되었습니다. 왜 그런 생각이 들었는지는 모르겠지만, 그때 저는 죽으면 어떻게 되는지 궁금해하고 있었습니다. 사실 죽는 것이 무서웠겠지요.

어머니에게 죽으면 어떻게 되는지 물었습니다. 어머니는 다정한 목소리로 죽으면 하늘나라로 간다고 말씀하셨지요. 나중에 죽으면 거기서 다시 만나자고도 했습니다. 어머니는 종교가 없었는데도 이런 식으로 대답을 하셨지요. 이는 오래된 종교 문화가 일상에 침투한 결과였을 것입니다.

어린 마음에도 그 말씀은 단지 죽음을 두려워하는 아들을 달래는 말로 들렸습니다. 어머니는 어린 아들에게 죽음이라는 무섭고 어려운 주제에 대해서 진지하게 이야기하는 게 적절하지 않다고 생각하신 것 같습니다. 저는 어렸지만 고민이 없는 아이는 아니었습니다. 그냥 먹먹하고 답답했습니다. 정말 어머니 말씀대로 죽어서 하늘나라에 가고, 거기서 가족들을 다시 만나면 얼마나 좋을까 생각했습니다. 하지만 그렇지 않을 것 같다는 불안감을 떨칠 수는 없었습니다.

한동안 '죽음'은 어린이 이명현에게 가장 큰 화두였습니다. 죽음을 생각할 때마다 가슴이 답답하고 해답은 모르겠고 그렇다고 어머니 말은 믿을 수 없고, 정말 절망적이었습니다. 그런 생각을 하는 자신도 죽으면 모든 것이 사라진다는 생각이 어린 소년 입장에서 얼마나 무서웠겠습니까? 정말 밤새 걱정만 하다 새벽에야 잠든 날의 기억도 생생합니다. 오죽하면 장래 희망에 "도사(道士)"라고 쓴 적이 있겠습니까. 만화책에서 최치원이라는 사람이 경주 남산인가 가야산에 들어가서 영원히 사는 도사가 되었다는 이야기를 본 탓이었습니다. 선생님이 저를 불러서 혼을 냈지요. 부모님을 학교로 호출하는 사태까지 벌어졌고요. 그냥 어린이의 엉뚱한 생각으로 여겨 줬으면 좋았을 것을, 선생님이 너무 경직돼 있었던 것 같습니다. 이 소동 끝에 저는 약간의 상처를 입었고, 죽음은 한동안 저 멀리 보내 놓은 만날 수 없는 친구가 되었습니다.

　죽음에 대한 생각이 다시 수면 위로 떠오른 것은 중학교 2학년 때였습니다. 그때부터 고등학교 1학년까지가 사춘기였던 것 같습니다. 첫 실연을 겪고 전학을 하는 등 여러 일이 벌어졌습니다. 죽음이 다시 머릿속을 꽉 채웠습니다. 저는 그때 아마추어 천문가로 활동하고 있었고 동시에 문예부 활동도 하고 있었습니다. 과학책이나 과학 잡지를 많이 읽었지만 문학 작품도 엄청 읽었지요. 죽음에 대한 인식은 주로 소설이나 희곡을 통해서 접했습니다. 당시 제 꿈은 결핵에 걸려서 볼이 빨갛게 상기된 연상 여인의 품에서 29세의 나이로 역시 결핵으로 피를 토하며 죽는 것이었습니다. 1920~1930년대 한국 문인들을 동경하며 이런 꿈을 꾸었더랬지요.

　절실했습니다. 죽음을 관념적인 상징으로 받아들였습니다. 철학책도 많이 읽었습니다. 존재와 죽음에 대한 생각으로 툭하면 밤을 샜습니다. 해결책은 당연히 없었습니다. 이렇게 관념 속을 헤매는 한편, 망원경을 들고 아파트 꼭대기에 올라가서 별을 보느라 밤을 새우기도 했습니다. 별을 보면서 생각을 많이 하게 되었습니다. 지금처럼 별먼지와 잔가지 개념으로 잘 정리된 생각은 아니었지만, 과학책과 잡지를 읽으면서 고민과 궁리를 하고 실제로 밤하늘의 별을 관측하면서 어렴풋이 별먼지와 잔가지라는 개념이 머릿속에 자리 잡기 시작했던 것이지요.

　저 자신이 별먼지고 잔가지라는 자각을 하게 되자 생각이 정리되기 시작했습니다. 앞서 이야기했던 경이로움과 허무함이 함께 몰려왔습니다. 고귀하다고는 해도 연약한 존재라는 것을 스스로 인정하는 게 슬펐지만, 속이 다 시원하기도 했습니다. 우주 속에서 나의 위치를 파악한 것에 경이로워하는 한편, 유구한 역사를 머금은 존재이지만 너무나 미미한 존재라는 것을 인정할 수밖에 없었습니다. 결국 체념했고, 죽음을 막을 방법이 없다는 것을 인정했습니다. 가슴은 여전히 답답하고 쿵쾅거렸지만, 머리로는 올 것이 왔다는 안도감을 느꼈습니다.

그때부터 제 화두는 죽음에서 '유한함'으로 바뀌었습니다. 유물론적 세계관이 구축되기 시작한 것이지요. 죽음은 이제 제가 어떻게 해 볼 수 있는 범위를 벗어난 정해진 결론이 되었습니다. 이제 유한함 속에서 어떻게 살 것인가가 절박한 문제가 되었습니다. 어차피 삶이 유한하다면 마음대로 살자는 생각도 했습니다. 멋대로 사는 인생(예를 들어, 말초적인 쾌락을 좇는 인생 같은 것 말이지요.)을 나름대로 그려 보았는데, 제대로 즐기기도 전에 수많은 장애를 만나고 엄청난 대응 비용을 지불하게 될 것 같다는 생각이 들더군요. 그렇게 사는 게 어떤 의미를 갖는지 물으면 답하기도 어렵겠다 싶었습니다. 멋대로 사는 삶의 현실적 어려움을 받아들였던 것이지요. 결국은 유한한, 주어진 삶을 잘 향유하자는 결론을 내렸습니다. 이런 결론을 내리자, 저의 세계관도 서서히 형성되어 갔습니다. 물론 당시 저의 세계관이 이렇다고 거창하게 말할 정도는 아니었지만 말이지요.

어린이 이명현은 '죽음'이라는 화두를 어떻게 극복했는가?

사춘기 시절 형성된 저의 세계관은 천문학을 공부하면서 더욱 탄탄해졌습니다. 별먼지와 잔가지에 대한 인식은 과학적 태도를 수용하게 했고 이를 바탕으로 한 과학적 세계관이 구축되었습니다. 이러한 변화는 제 삶의 다양한 측면에 영향을 미쳤습니다. 사춘기 이전에도 종교에 몸담은 적은 없었기 때문에 극적인 세계관 변화가 있었던 것은 아니었습니다. 다만 과학적 태도가 분명하고 명확하게 내재화되면서 삶을 대하는 태도가 전반적으로 달라졌다는 말입니다.

유한함에 대한 명확한 인식은 죽음이라는 문제뿐 아니라 순간순간을 '어떻게 살 것인가?' 하는 삶의 문제에도 영향을 미쳤습니다. 저는 오래 걸리는 일이든 짧게 끝나는 일이든 항상 일의 끝을 생각합니다. 강의를 할 때도 모든 것을 욕심내서 쏟아 놓기보다는 한 학기 또는 한 시간이라는 유한한 시간 동안 청중과 공유할 수 있는 것은 무엇인가부터 생각합니다. 들려 드리고 싶은 이야기도 많고 나누고 싶은 지식도 많지만 그중에 무엇이 핵심인지, 무엇이 더 그 시점과 장소에 맞는지 골라 이야기하는 것입니다. 모든 것은 미완성이니까요. 그리고 미완성은 실패가 아니라 자연스러운 귀결입니다. 이것을 인정하면 과정이 중요해집니다. 결과로 승부를 보기보다는 작업 과정을 즐길 수 있습니다.

사람을 만날 때도 마찬가지입니다. 모든 관계의 결말은 이별입니다. 이것을 인정하고 나면 지금 이 순간의 교류가 중요해집니다. 더 충실할 수 있고 더 깊이 만날 수 있습니다. 그리고 헤어짐의 시간이 되면 집착하지 않고 이별할 수 있습니다. 영원한 사랑과 불멸의 관계를 꿈꾸는 것은 자연스럽지만, 그것은 불가능하지요. 유한한 사랑과 유한한 관계를 인정하면 주어진 시간과 공간에서 더 풍성한 교제를 할 수 있습니다.

저는 사람들과 만날 때 가능하면 일대일로 만나려고 노력합니다. 짧든 길든 함께 있는 매순간에 집중을 합니다. 자주 만나지 못하더라도 서로 그리워하는 사람이 주변에 많이 있습니다. 그러한 관계들과 사람들을, 저는 유한함에 대한 인식이 가져다준 선물이라고 생각합니다. 이별을 전제하기 때문에 더 애틋합니다. 모질게 굴 이유도 적어집니다. 진심으로 위안을 줄 수 있습니다. 주어진 시간을 풍성하게 쓰니 미련도 덜합니다. 소유하려는 욕망이 잦아드니 미워하는 마음도 줄어듭니다. 상처도 덜 받습니다. 설령 좋지 않게 헤어졌더라도 연민이 있고 그리워하다 보면 위안이 되고 그러면 어제 만났던 것처럼 다시 만날 수 있습니다. 내일 다시 만날 것처럼 오늘 이별할 수 있습니다.

이런 저를 친구들은 '이명현 특유의 까칠함'이라 표현하곤 합니다. 고전적 의미에서 보자면 인간미가 떨어진다는 말이기도 할 테지요. 하지만 저는 좋게 해석해서 '쿨'하다는 의미로 받아들입니다.

별먼지와 잔가지라는 인식을 바탕으로 세상에 대한 유물론적 태도를 가지게 되면(저는 이것을 과학적 태도의 시작이라고 부르고 싶습니다.) 존재의 유한함뿐 아니라 시간에 따른 변화도 자연스럽게 받아들이게 됩니다. 모든 것은 변합니다. 저는 변화가 두렵거나 거북하지 않습니다. 가끔 너무나 빠르게 진보하는 IT 기술 이야기를 듣다 보면 살짝 머리가 아프기도 하지만 재밌다는 생각이 더 큽니다. 그리고 거기에 적응하고자 노력하지요. 변화를 유연하게 받아들이면 새로운 기회를 찾고 스스로를 계속해서 발전시킬 수 있습니다. 그리고 변화를 받아들이는 태도는 새로운 아이디어를 이끌어내고, 창의적인 사고와 혁신을 촉진하게 되지요.

변화에 대한 태도는 한 개인으로서 느껴지는 생물학적인 변화, 그러니까 노화에 대한 인식에도 영향을 줍니다. 많은 사람이 노화를 두려워하고 나이 드는 것에 거부감을 표합니다. 고려 말 우탁(禹倬, 1262~1342년)이 지은 「탄로가(歎老歌)」가 생각나는군요. "늙는 길은 가시로 막고, 오는 백발은 막대로 치려" 했다는 우탁처럼 늙음을 한탄하고 젊어지고 싶어 하는 것은 너무나도 자연스럽습니다. 저도 늘어나는 흰머리를 보며 당연히 그런 생각을 하지요. 하지만 노화는 시간에 따른 우리 몸의 변화일 뿐, 너무나도 자연스러운 자연의 이치입니다. 그래서 저는 그것을 쿨하게 받아들이고 제가 지금 할 수 있는 것, 하고 싶은 것을 더 충실하게 하려고 합니다.

마침 올해(2023년) 환갑을 맞이했습니다. 전통적으로 환갑은 오래 산 것을 기념하는 인생의 중요한 이정표였지요. 물론 오늘날 60세는 늙었다고 하기에는 너무 건강하지만요. 저는 환갑을 60년 인생이 한 바퀴 돌아 다시 시작점으로 돌아왔다는 뜻으로 해석하기로 했습니다. 그래서 또, 새로운 일을 벌였지요. 함께 환갑을 맞이한 친구들인 전 국립 과천 과학관 관장 이(李)정모, 도서 평론가 이(李)권우와 함께 '환갑삼이(還甲三李)'라는 이름으로 1년간 전국 북토크 투어를 다녀왔습니다. 유쾌한 친구들과 함께 전국에서 독자들을 만나는 것이 아주 재밌었습니다.

회복 탄력성의 과학적 비결

과학은 세상에서 일어나는 많은 일이 우연이라고 이야기합니다. 저는 앞서 말씀드린, 사춘기 때의 자각 이후 세상에서 일어나는 일들은 우연의 요소가 강하다는 사실도 의미 있게 받아들이기 시작했습니다. 우연을 세상 만사의 기본 원리로 받아들이면 확률적인 사고를 하게 됩니다. 좀 우스운 이야기지만 저는 시험을 볼 때 모르는 문제가 나오면 무조건 1번을 찍었습니다. 이것저것 생각하는 것보다는 확률적 정확성(20퍼센트 또는 25퍼센트는 되겠지요.)에 기댈 요량이었지요. 지금도 선택을 할 때 그때그때 흔들리지 않고 확률을 바탕으로 선택을 합니다.

모든 상황에서 가장 좋은 결과를 얻는 선택을 지속적으로 하기란 사실상 불가능합니다. 하지만 확률적으로 최선의 선택을 하는 것은 우리가 어떤 상황에서도 적용하고 유연하게 대처할 수 있도록 도와줍니다. 확률적 접근 방식은 주어진 상황에서 가능한 선택지를 고려하고, 각 선택지의 성공 가능성을 확률로 표현하지요. 이 확률을 바탕으로 선택지의 장단점을 여러 측면에서 검토하면 나름 최선의 결정을 내릴 수 있습니다. 그리고 새로운 정보나 경험이 쌓이면 기존의 확률 분포를 업데이트할 수 있습니다. 따라서 시간이 지남에 따라 (지속적으로 학습함에 따라) 더 나은 결정을 내릴 수 있게 되지요. (이처럼 새롭게 얻은 정보를 토대로 사전에 추정한 확률이나 가설적으로 추정한 확률을 업데이트하는 것이 통계적 추론 방법입니다. 과학에서는 많이 쓰지요. 그중 가장 유명한 게 베이스 추론(Bayesian inference)입니다.)

유한함, 우연, 확률. 이런 것들이 태도의 바탕이 되면 또 좋은 점이 있습니다. 현실적인 기대를 할 수 있다는 점입니다. 결과의 상당 부분이 운에 따른 것이라고 생각하면 모든 일에 목숨을 걸지 않게 됩니다. 할 수 있는 한 노력을 하지만 그것이 바로 결과로 이어져야 한다는 강박에서 벗어날 수 있습니다. 노력해서 행하는 것과 결과 사이에는 확률적인 요소가 작용하고 환경적인 요소가 작용하며 운이 작용합니다. 이 점을 분명하게 인식하면 결과에 대한 기대를 과도하지 않게 설정할 수 있습니다. '이성적 기대'라고나 할까요.

그러니 좋지 않은 결과가 나왔을 때 자신을 과하게 질책하지 않을 수 있습니다. 좋은 결과가 나왔을 때 과도한 자기 확신을 피할 수도 있습니다. 만족과 불만족의 진폭이 줄어드는 것이지요. 따라서 주어진 상황에서 최선을 다했다면 결과에 관계없이 적당히 만족할 수 있는 심리적 여유가 생깁니다. 그 여유는 자신의 역할을 소중하게 받아들일 수 있게 하고, 자신을 좀 더 잘 사랑할 수 있게 만들어 주지요.

결과에 대한 과도한 책임감이나 죄책감이 덜해지니 실패에 대한 부담도 줄어듭니다. 회복 탄력성도 덩달아 높아집니다. 친구인 김주환 교수가 『회복 탄력성』이라는 책을 낸 적이 있습니다. 서평을 쓰면서 책 속에 있는 "시련을 행운으로" 바꾼다는 회복 탄력성 테스트를 해 봤는데 거의 최고 점수가 나오더군요. 회복 탄력성이 높다 보니 새로운 시도도 거리낌 없이 할 수 있습니다.

저는 천문학자로 직업적인 커리어를 시작해서 과학 저술가로 활동을 하다가 출판만이 아니라 다양한 미디어에서 과학을 소개하는 과학 커뮤니케이터로 활동하게 되었습니다. 방송도 하고 강연도 하고 SF 소설도 발표했습니다. 과학이라는 화두를 가지고 미디어아트 작품을 만들어서 전시도 했습니다. 지금은 과학책방 갈다의 대표가 되었습니다. 과학 문화 활동가이자 사업가가 된 것이지요. 이런 변화는 제가 의도했다기보다는 자연스런 흐름에 올라탄 측면이 있습니다만, 무엇보다도 저에게는 실패에 대한 두려움이 별로 없었기 때문에 가능했던 일들이라 생각합니다. 이렇게, 저의 과학적 태도는 무슨 일이든 적극적으로 뛰어들어서 실험할 수 있는 토대가 됩니다.

자신을 별먼지와 잔가지라고 인식하는 것은 자기 객관화에도 도움이 됩니다. 자기 평가를 냉철하게 하는 데 도움이 됩니다. 외부의 시선으로 자신을 볼 수 있어서 균형감을 유지할 수 있습니다. 이를 통해 자신의 장단점을 인정하고 개선할 수 있는 기회를 얻게 됩니다. 이러한 인식은 자신을 지나치게 과대 평가하거나 과소 평가하는 것을 방지하게 해 줍니다. 메타인지 능력이 상승하는 것이지요.

이러한 자기 객관화는 다른 사람에 대한 존중으로 이어지지요. 자연스럽게 공감과 이해가 높아집니다. 자신이 별먼지면 다른 사람도 소중한 별먼지일 것입니다. 자신이 잔가지면 다른 사람도 고귀한 잔가지일 것입니다. 모두 비슷한 존재입니다. 자신이 할 수 있는 일은, 정도의 차이는 있겠지만, 다른 사람도 할 수 있습니다. 자신에게 벌어지는 일은 다른 사람에게도 벌어질 수 있습니다. 자신에게만 특별한 일이 생길 확률은 아주 낮을 것입니다. 그러니 다른 사람의 입장에서 생각해 보는 것이 당연한 일이 될 것입니다. 보편성에 대한 인식을 가지게 되는 것이지요.

저도 죽음의 문턱을 넘은 적이 있습니다

긴급한 상황이 벌어졌을 때 과학적 태도는 어떤 역할을 할까요? 이번에도 제 개인적 경험을 이야기하겠습니다. 2010년 11월 말 어느 일요일 밤이었습니다. 저는 가슴에 엄청난 통증을 느끼며 쓰러졌고 병원 응급실로 실려 갔습니다. 급성 심근 경색이었습니다. 결론부터 말씀드리자면 저는 운이 좋아서 살았습니다. 급성 심근 경색으로 쓰러진 게 일요일 밤 집에서였고 마침 가족이 같이 있었습니다. 아파서 고꾸라지는 저를 보면서 아내는 장난치지 말라고 했습니다. 제가 평소에 장난을 많이 쳤거든요. 그런데 딸이 119에 전화를 했습니다. 무슨 이유인지 연결이 잘 되지 않았지요. 그래서 딸은 바로 아래층에 사는 의사인 고모에게 연락을 했습니다. 며칠 전에 같은 반 친구의 아버지가 급성 심근 경색으로 죽었는데 그 일이 떠올라서 신속하게 연락을 한 것이지요.

의사인 동생은 바로 응급실로 가야 한다는 처방을 내렸습니다. 당황하는 아내 대신 다른 층에 살던 막내 동생이 운전을 하고 아내는 저를 부축하면서 병원으로 향했습니다. 제가 사는 집이 서울 한복판에 있어서 몇 킬로미터 안에 큰 종합 병원이 세 군데나 있었습니다. 제가 자주 가던 병원으로 갈 줄 알았는데 다른 병원으로 갔습니다. 막내 동생의 딸이 며칠 전에 아파서 제가 가던 병원에 갔는데 사람이 너무 많아서 다른 병원 응급실로 갔던 일이 있었답니다. 다행히 거기에는 자리가 많았고 충분히 잘 처치를 받을 수 있었다고 합니다. 막내 동생은 이런 경험을 바탕으로 저를 좀 더 한가한 병원으로 데리고 간 것이었지요.

응급실에 도착하자마자 즉각적인 조치가 취해졌습니다. 다행히 심정지는 오지 않았지만 저는 거의 의식을 잃은 상태였습니다. 집에서는 가슴이 너무 아팠고 병원에 가는 도중에는 더 심해져서 솔직히 다른 건 아무것도 기억나지 않습니다. 통증에 괴로웠던 일만 기억납니다. 병원에 도착했을 때는 맥박도 많이 떨어져 있었습니다. 기억이 없어지기 직전, 아련한 환각이 보였습니다. 배경은 노란색이었고 구체적인 물건이나 사람이 등장하는 것은 아니었습니다. 말하자면, 색깔이 다채로운 꿈같은 느낌이었습니다. 죽음에 임박한 사람들이 환각을 보는 경우가 있다고 하는데, 아마 저도 그런 경험을 한 것 같습니다.

팔에 여러 개의 주사 바늘이 꽂히고 약물이 투입되면서 저는 서서히 의식을 되찾기 시작했습니다. 뭐랄까요, 깊은 잠을 자면서 꿈을 꾸다가 그 꿈이 서서히 사라지면서 현실 세계가 조금씩 또렷해지는 느낌이었습니다. 약물 투여로 통증은 사라졌지만 심한 구토와 두통이 시작되었습니다. 약물이 투여되고 진정되기를 반복했습니다. 아내는 그사이 의사의 설명을 듣고 시술 동의서를 작성하느라 바빴다고 합니다. 심장으로 들어가는 관상동맥이 막혀서 바로 시술을 해야 하는 상태였으니까요.

저는 침대에 누운 채 응급실에서 수술실로 옮겨졌습니다. 빠른 속도로 이동하는 침대 위에서 움직이는 천장을 바라보며 자신의 실존적인 죽음에 대해 생각했습니다. 그 전에는 의식을 압도하는 통증 때문에 이성적인 사고가 불가능했지요. 이제 살아났구나 하는 생각이 드는 한편, 이제 곧 진짜로 죽을 수도 있겠다는 생각이 들었습니다. '죽으면 어떡하지?' 그런 생각이 잠시 떠올랐지만 '그저 다시 별먼지로 돌아가는 거지.' 하면서 스스로 위안을 했습니다. 마음의 동요도 크지 않았습니다. 사실, 여전히 생각을 집중할 여력이 없기도 했지요.

수술실에 도착하고 의사들이 누워 있는 저를 중심으로 모여들었습니다. 담당의가 혈관 속에 시술 도구를 넣어 보고 스텐트를 삽입할지 가슴을 열어서 혈관 이식 수술을 할지 정한다고 설명했습니다. 아직 말을 할 힘이 없어서 고개만 끄덕였습니다. 시술을 준비하는 의사들이 주고받는 말을 들으면서 생각이 복잡해졌습니다. 성공과 실패의 가능성에 대한 기술적인 이야기가 이어졌습니다. 그제서야 비로소 그동안의 일들이 떠올랐습니다. 가족, 친구, 동료 들이 생각났고 그리워졌습니다. 하던 일들이 생각났습니다. 성취한 일보다는 다하지 못한 일들에 대한 아쉬운 마음이 앞섰습니다. '시술 중에 죽는다면, 지금 이게 내 마지막 의식이겠구나.' 하는 생각에 이르자, '그렇다면 어떤 생각을 하면서 죽을까.' 하는 궁리도 했습니다. 이내 '그게 무슨 의미가 있지.' 하는 생각이 들었습니다. 그냥 떠오르는 대로 두기로 했습니다.

특별한 감정이나 강렬한 생각이 몰려오지는 않았습니다. 두려웠지만 그 진폭이 크지는 않았습니다. 가능한 한 의도하지 않고 자연스럽게 떠오르는 것을 즐겨 보려고 했습니다. 재미있는 것은 19세 때 처음 갔던 네팔과 26세 때 유학으로 간 네덜란드가 떠올랐다는 것입니다. 사춘기 때 한국에서 했던 경험과 함께 제 가치관과 세계관 형성에 큰 영향을 미친 시공간이지요.

시술이 시작되었습니다. 마음은 편했습니다. 죽거나 살거나 운이라고 생각했습니다. 그래도 자신에게 마지막 인사는 했습니다. 내 의식이 나에게 하는 작별 인사였지요. 조금 쑥스럽지만 그때 박정만 시인의 「종시(終詩)」를 속으로 읊었습니다. "나는 사라진다 저 광활한 우주 속으로." 마지막이 될지도 모르는 상황에서 시 한 편을 떠올렸다는 것을 생각하면 지금도 웃음이 나옵니다. 저의 신은 시일까요?

기도는 하지 않았습니다. 신을 만나거나 환영을 보지도 않았습니다. (앞서 말했듯이, 응급실에서 환각을 경험하기는 했습니다.) 그때 생각을 할 때마다 스스로가 기특합니다. 죽음에 임박한 순간에 우연과 확률과 운에 자신을 맡기는 태도를 취했다는 게 말입니다. 시술이 시작되었고 약간의 두려운 마음이 있었지만 운에 맡긴 제 마음은 편했습니다.

의사들은 가슴을 여는 외과 수술까지는 필요 없다는 판단을 하고 스텐트 2개를 삽입하는 시술을 했습니다. 저는 그 과정에서 조금씩 제가 살 수 있는 확률이 높아진다는 생각을 했습니다. 어느 시점에는 이제 살았다는 판단을 했습니다. 의사들에게 고맙다는 말을 속으로 했습니다. 앞으로 해야 할 일들을 정리해 보기도 했습니다. 스텐트 2개를 삽입하는 시술이 끝났고, 심장 근육의 반이 이미 경색되어 기능을 못한다는 이야기를 들었습니다. 하지만 저는 살았습니다.

시술을 마치고 중환자실로 옮겨졌습니다. 알고 보니 그곳에서는 제가 가장 증상이 가벼운 환자였습니다. 그곳에 머무르는 동안 몇 명이 죽어서 나갔습니다. 일반 병실로 옮겨져 한동안 병원 생활을 한 후 퇴원을 하고 집으로 돌아왔습니다.

죽음의 문턱까지 갔다가 살아서 돌아온 저에게 주변 사람들은 여러 가지 질문을 쏟아부었습니다. 종교를 믿지 않는 이들조차 신을 보았는지 환영을 보았는지 물어왔습니다. 제 답은 늘 똑같았습니다. "글쎄요, 하늘이 노래지긴 하더군요. 근데 급성 심근 경색 환자에게는 흔히 있는 일이래요." 인생이 바뀌었냐는 질문도 받았습니다. "당연히 변했지요." 이 사건은 제가 대학교와 연구소에서의 연구원 생활을 정리하고 현장 과학자에서 은퇴하는 계기가 되었습니다. 전업 과학 커뮤니케이터가 된 것입니다. 이에 따라서 제 활동의 많은 부분이 변했습니다. 그러니 인생이 바뀌었다고 말씀드릴 수 있습니다.

하지만 저의 가치관이나 태도가 변했느냐고 물어본다면 아니라고 답할 것입니다. 보통 이런 질문을 할 때는 이 체험을 통해서 종교를 가지게 되었는지 묻고 싶어 하는 경우가 많은 것 같습니다. 저의 경우에는 종교가 개입될 여지가 없었습니다. 신을 만나지도 않았고 그와 비슷한 환각 체험도 하지 않았습니다. 설령 그런 체험을 했다고 하더라도 저는 그것을 신과 연결하지는 않았을 것입니다. 오히려 임사 체험에 대한 뇌과학 연구에 흥미를 느끼게 되었을 수는 있겠네요.

아무튼 그동안 제가 평소 견지하던 과학적 태도는 죽음이라는 극단적인 위기 상황에서도 어김없이 발현되었습니다.

제가 실려 갔던 병원은 그때 마침 병원 평가 기간이었습니다. 평가에 대비하는 차원에서 심장 외과 과장을 비롯한 의사들이 평소보다 많이 근무를 하고 있었습니다. 덕분에 일요일 밤이었는데도 재빨리 시술을 받을 수 있었지요. 일반 병실로 옮긴 후 부탁을 하나 받았습니다. 제 경우가 병원 응급실 매뉴얼대로 진행된 모범 대처 케이스로 선정되었는데 평가 기관에서 인터뷰를 요청할 경우 응해 달라는 것이었습니다. 실제 인터뷰는 이루어지지 않았지만 제대로 처치를 받은 것은 분명한 것 같더군요.

어떤 이가 제 이야기를 듣고 이런 말을 했습니다. 사실은 꽤 많은 분들이 그렇게 말했지요. 제가 살아난 것은 이 모든 일을 유기적으로 엮어 하나하나 일어나게 만든 신 덕분이라고요. 하나라도 어긋났다면 저는 죽었거나 온몸이 마비된 식물 인간이 되었을 텐데 신이 도왔다고 말입니다. 집에서 출발해서 시술이 시작될 때까지 불과 30~40분밖에 걸리지 않았습니다. 골든 타임에 시술을 한 것이지요. 그야말로 운에 운이 따랐지요.

하지만 관습적으로 신을 떠올리는 그분들의 선의는 이해하고 감사하지만, 조금 식상합니다. 신이라는 단어를 그냥 우연으로 대체하면 안 될까요? 우연과 우연이 이어지는 고비고비에서 사람들은 그들의 일을 수행했을 뿐입니다. 저는 운이 엄청 좋았고 이번에는 살아났습니다. 다음에는 운이 없을 수도 있습니다. '왜 나에게만 이런 일이 일어났는가?' 하고 묻는 것도 부질없는 짓입니다. 이 세상에서 일어날 만한 일이 일어난 것뿐이니까요.

물론 '왜 급성 심근 경색이 생겼는가?'를 분석하는 것은 의미가 있습니다. 과학적으로(이 경우에는 '의학적으로'가 보다 정확하겠지요.) 원인을 파악하고(평소에 유산소 운동을 하지 않고 자주 과음을 했다.) 대처를 하는 것은(무리되지 않는 선에서 자주 몸을 움직이고 금주한다.) 중요하지요.

아내의 뇌 수술

제가 겨우 움직일 수 있게 되었을 무렵인 2011년 3월 초에 아내가 뇌 수술을 받았습니다. 뇌에 5센티미터가 넘는 큰 종양이 생겨서 제거 수술을 받은 것이지요. 수술은 며칠 사이에 서너 번 이어졌고, 결국은 측두엽의 상당 부분을 절제해야만 했습니다. 이후에도 몇 번의 수술이 더 이어졌고 아내는 지금도 병원에서 투병 중입니다. 뇌병변 환자가 된 아내는 의식은 회복했지만 몸을 움직이기 어렵고 인지 정도가 매우 낮은 수준을 유지하고 있습니다.

제가 급성 심근 경색으로 쓰러지고 몇 달 후 아내가 뇌병변으로 쓰러진 것입니다. 정말 큰 사건이었고 시련이었습니다. 너무 힘들었다는 말을 먼저 하고 싶습니다. 저 역시 투병 중인 사람으로서 아내의 투병을 도와주는 간병 일이 여러 가지로 벅찼습니다. 다행인 것은 이때도 '왜 우리 가족에게만 이런 시련이 왔을까?' 하는 생각이 들지 않았다는 점입니다. 그런 생각으로 괴로워하지도 않았습니다. 그동안 견지해 오던 과학적 태도가 위기 상황에 처한 저를 버티게 해 준 덕분이겠지요.

한탄을 하는 대신 좀 더 냉정해졌습니다. 물론 너무 힘들었습니다. 마음도 무거웠고 몸도 힘들었으며 경제적으로도 버티기 어려웠습니다. 어쨌든 상황을 객관적으로 파악하고 가용한 자원을 정리했습니다. 제 몸 상태도 냉정하게 살피면서 간병과 투병 사이에서 균형을 유지하려고 힘썼습니다. 질문도 '왜 우리에게만?'이 아니라 '이제 어떻게 할 것인가?'에 초점을 맞췄습니다.

자신이 처한 상황을 가능한 한 정확하게 파악하는 것이 중요하다고 생각했습니다. 그런 후 데이터를 바탕으로 대응 전략을 짜야 하지요. 너무 슬프고 지치고 힘이 빠졌지만 그렇게 하려고 노력했습니다. 우리가 아는 한 병을 치료하기 위해서는 의사와 긴밀하게 협의하는 것이 최상의 방법이지요. 이 단순한 진리를 유지하는 데 온 힘을 다 했습니다.

제가 아팠을 때도 그랬지만 아내가 쓰러지자 여러 사람이 조언을 하고 도움을 주겠다고 했습니다. 참으로 고마운 일이었습니다. 교회의 안수 기도, 절의 회복 기원 불공, 무당의 굿, 침술, 용하다는 재야 치료사 등등 온갖 제안이 들어왔습니다. 어느 것 하나 우리에게 적합한 치료법이 아님은 분명했습니다. 모두 거절했습니다. 안수 기도에 3000만 원 하는 식으로 시가가 책정되어 있다는 것도 그때 알았습니다.

제안을 거절당한 사람들은 목숨을 살릴 수만 있다면 무슨 일이든 해 봐야 하는데도 거절한다며 저를 질책하고 비난했습니다. 돈을 쓰지 않으려 한다고 비방하고 다니는 친척도 있었습니다. 자신의 선의를 받지 않았다고 서운하다고 떠들고 다닌 사람도 있었습니다. 하지만 저는 무슨 일이든 해 봐야 한다는 말에 동의할 수 없었습니다.

어떤 일을 하면 그에 따르는 에너지와 비용이 듭니다. 안수 기도를 한다면 환자를 병원 밖으로 데리고 나와야 합니다. 의료 시설과 처치로부터 분리되는 것이지요. 이런 행위 자체가 환자의 안전을 심각하게 해칠 수 있는, 비위생적인 동시에 비용이 많이 드는 일이지요. 의학적 검증도 되지 않았고 또 다른 위험 요소가 있을지도 모르는 안수 기도 행위에 환자를 내어주는 것은 그냥 자살 행위라고 생각했습니다. 운이 좋아서 안수 기도를 받은 환자가 회복되는 경우가 간혹 있을지 모릅니다. 그건 그냥 그 환자의 운이 좋았을 뿐입니다. 제가 운이 좋아서 지금 살아 있는 것과 마찬가지이지요. 아내와 저의 투병은 지금도 이어지고 있습니다. 여전히 힘들고 어렵습니다. 투병 자체도 힘들지만 사실은 주변 사람들의 선의의 행동이 우리를 더 힘들게 하곤 합니다. 각종 종교적 치료법 권유를 거절하고 그 후폭풍을 견디는 일이 참으로 힘들었습니다.

　지금까지, 과학적 태도를 갖고 살아가던 사람이 큰 위기를 만나면 어떻게 반응하는지, 제 개인적인 경험을 바탕으로 이야기해 봤습니다. 다소 길었습니다만, 과학적 태도가 얼마나 삶에 큰 영향을 미치고, 어떻게 실천과 행동의 양상으로 발현되는지를 확인할 수 있는 사례 연구로 들어 주시면 좋겠습니다.

나는 어떻게 무신론자가 되었는가?

장대익

과학이 인류의 세계관과 가치를 완전히 바꾸어 놓았다는 사실은 이제 다들 아시지요? 실감이 나시지 않는다고요? 만일 당신이 12세기에 영국 런던에 살다가 타임머신을 타고 2023년의 런던으로 왔다고 합시다. 세상이 어떻게 달라져 있을까요? 단지 삶의 외적 조건의 변화를 묻는 게 아니라 세상을 보는 방식의 변화에 대해 묻는 것입니다. 12세기에는 모두가 신이 세상 만물을 창조했다고 믿었습니다. 의심하는 자는 거의 없었지요. 하지만 지금의 런던은 어떻습니까? 물론 아직도 창조주로서의 신을 믿는 사람들이 없지는 않습니다. 하지만 다윈 이후로 세상은 바뀌었지요.

대세는 진화론입니다. 진화론은 이슬람 국가들을 제외하고 모든 국가의 필수 교과목으로 자리를 잡았습니다. 진화는 모든 생명 현상의 근본으로서, 진화론에 바탕을 두지 않은 생물학은 불가능합니다. 마치 양자 역학이나 상대성 이론에 근거하지 않은 물리학을 상상하기 어려운 것과 마찬가지입니다. 다윈의 『종의 기원』 이후로 생명의 다양성과 정교함에 관한 관점은 완전히 바뀌었습니다. 즉 우리는 다윈 이후로 다른 세계에 사는 셈입니다.

하지만 이 거대한 전환을 개인이 받아들이는가 아닌가는 완전히 다른 문제인 것 같습니다. 양자의 세계에 대해 들어본 적이 없는 사람들은 슈뢰딩거 이후에도 여전히 뉴턴의 세계에 사는 것이겠지요. 마찬가지로 진화에 대한 이해가 없는 사람들은 여전히 다윈 이전의 세계에 살고 있습니다. 그러면서도 본인의 세계관에 아무런 문제가 없는 것처럼 지냅니다. 게다가 앞에서도 제가 이야기했듯이, 창조론은 진화론에 비해 훨씬 더 직관적이거든요. 그러니 상식에 호소하며 우기기도 하지요. 무식을 자랑하면서요.

최근, 그러니까 2019년에 갤럽(Gallup)이 조사한 바에 따르면, 미국 성인의 40퍼센트는 여전히 신이 약 1만 년 전에 인간을 현재의 형태로 창조했다고 믿고 있습니다.[1] 신의 인도에 따라 수백만 년에 걸쳐 진화했다고 생각한다는 비율도 33퍼센트에 달했지요. 신의 개입이 전혀 없었다고 생각하는 미국인은 22퍼센트에 불과했습니다. (9퍼센트 정도였던 20년 전에 비해 많이 늘었으니 그나마 다행이라고 해야 할까요.)
인류의 지성사에서 거대한 전환이 일어난 지 200년이 가까워지는데
도 대다수의 사람들은 여전히 중세적 세계관을 고수하고 있는 것입
니다. 이런 지적인 정체 현상은 우리나라도 마찬가지입니다. 대한민
국 국민 중에 여전히 창조론을 받아들이고 진화론을 거부하는 사람
은 32퍼센트입니다.[2]

　　진화론을 진지하게 받아들이면서 유신론자가 되기는 거의 불가
능합니다. 적어도 자연 세계를 설명하는 데 더 이상 신은 필요하지
않지요. 저는 한때 진화론과 유신론을 조화롭게 만들 수 있다는 꿈
을 꾼 적이 있었습니다. 하지만 결국 유신론을 버리고 진화론을 택했
지요. 그때 많은 주변 친구가 놀랐습니다. 종교가 과학 이론보다 훨
씬 더 근본적인 세계관인데, 둘이 충돌한다고 해서 어떻게 더 근본적
인 것을 버릴 수 있냐고요.

　　하지만 저는 어떤 세계관이 더 많은 사실에 근거해 있는가 하는
게 더 근본적 질문이라 생각했습니다. 어떤 세계관이 우주와 자연,
그리고 사회에 대해 주장하는 바가 사실에 근거해 있지 않은데, 어떻
게 그런 세계관이 말하는 지침을 따를 수 있겠습니까? 사실, 종교가
가장 근본적 세계관이라는 주장에는 종교가 개인의 실존과 가치의
문제를 다루고 있다는 전제가 깔려 있습니다. 과학은 우주, 자연, 인
간에 대한 설명은 해 주지만 개개인의 삶을 건들지 못한다는 전제도
깔려 있고요.

과연 그럴까요? 과학적 세계관을 받아들이면 개인의 생각과 태도가 달라집니다. 냉정하고 분석적이고 괴짜 같은 '너드(nerd)'로 변한다고 오해하지 마십시오. 과학적 세계관으로 살아간다는 것은 한마디로 '현자'가 된다는 뜻입니다. 자연의 법칙과 세상의 이치, 그리고 인간의 행동 원리를 이해하는 존재가 된다는 뜻이니까요. 얼마나 매력적인가요!

모태 신앙 과학도가 무신론적 진화학자가 되기까지

이제 제 이야기를 좀 더 해 보겠습니다.

저는 대학교 때 선교 단체와 교회 활동을 열심히 했던 모태 신앙 과학도였습니다. 하지만 철학과 신학, 그리고 과학 자체에 관심이 많았기 때문에 신앙에 대해 끊임없이 고민했습니다. 그러다 학부(기계공학 전공)를 마치고 대학원에서 과학 철학을 전공으로 공부하게 되면서 본격적으로 '의심의 길'로 들어서게 되었습니다. (철학 — 그것이 과학 철학이라 하더라도 — 은 의심하는 법을 가르치는 학문입니다. 단, 의심하는 법은 가르쳐 주되, 답은 주지 않습니다.) 대학 시절 내내 얕은 철학 지식을 바탕으로 굳게 다져 보려고 했던 그리스도교적 변증이 얼마나 엉성한가를 여실히 깨닫게 되었지요. 그리스도교만이 진리를 담지하고 있다는 주장은 제정신으로는 도저히 받아들일 수 없는 명제가 되었고, 진화론을 비롯한 현대 과학과 양립 불가능한 주장들로 가득 차 있는 성경은 그냥 낡은 신앙 고백서처럼 느껴졌습니다.

그럼에도 불구하고 유신론을 바로 버릴 수는 없었습니다. 지식으로서 유신론적 세계관은 이루 말할 수 없을 정도로 후졌어도, 공동체로서 교회와 그 종교적 실천은 여전히 저에게 큰 영향을 주었기 때문입니다. 신앙인에서 불가지론자, 나아가 무신론자가 되었다고 지난 주까지의 친구 관계를 바로 끊기는 힘들었지요. 무신론자가 되었다고 해서, 어떻게 새벽 기도까지 하시는 신앙인인 어머니와 인연을 끊을 수 있겠습니까?

종교적 세계관을 버리는 행위는 관계의 단절에 대한 두려움만을 주는 게 아닙니다. '그럼 이제 인생의 의미는 어디서 찾아야 하지?' '종교에서 말하는 인생의 가치가 아니라면, 이제 어떤 가치를 가지고 살아야 하나?' 이와 같은 실존적 질문들이 몰려오기 시작합니다. 대안이 없으면 옛것을 버리기 힘든 법이지요. 우리는 심리적 공허함을 못 견디는 존재이니까요.

하지만 다행히도 세상에는 종교적 가치가 아닌 수많은 아름다운 목표들이 있었습니다. 일단 저는 자신의 욕망을 들여다보기 시작했지요. 그동안 억눌려 있던 내면의 목소리를 경청하기 시작했습니다. 제가 무엇을 좋아하고 무엇을 싫어하는지, 무엇을 잘하고 무엇을 못하는지, 어떤 사람을 좋아하고 어떤 유형의 사람을 불편해 하는지, 어떤 일을 할 때 즐겁고 어떤 일을 할 때 괴로운지, 이런 내면의 욕망에 귀를 기울이니 '자유함'을 느끼게 되었습니다. "진리를 알지니 진리가 너희를 자유케 하리라."(「요한복음」 8장 32절)라는 멋진 말씀으로는 자유함을 느끼지 못했는데 말이지요.

그리고 하고 싶은 공부, 만나고 싶은 사람들, 해 보고 싶은 일들을 거침없이 하기 시작했습니다. 그러니 인생이 즐거워졌어요. 제 인생만 즐거우면 안 되겠더군요. 주변 사람들도 즐거워야 더 흥이 나니까요. 그래서 마음이 맞는 사람들과 함께 적지 않은 일들을 해 왔습니다. 그 과정에서 때로는 불편한 관계가 된 경우도 있었지만, 그동안 함께 일했던 대부분의 사람들은 좋은 친구로 남아 있습니다.

좋은 친구들 중에 두 사람을 소개하면 한 분은 최재천 교수님이고, 다른 한 분은 대니얼 데닛(Daniel Dennett, 1942년~) 교수님입니다. 두 분 모두 제 인생을 바꾼 분들이지요. 최 교수님은 저를 진화 생물학의 세계로 친절히 안내해 주신 은인이고, 데닛 교수님은 무신론의 세계로 저를 초대해 주신 분입니다.

최재천 교수님은 제가 내면의 목소리를 듣기 시작할 무렵에 서울대에 부임하셨는데, 그때 저는 자신의 뿌리를 알기 위해서라도 진화 생물학을 공부해야겠다고 마음먹었습니다. 내가 왜 여기 존재하는지에 대해 개신교는 근거 없는 주장을 펼치고 있다고 생각했고, 근거가 있는 주장을 들어보려면 진화 생물학을 제대로 알아야겠다는 생각이었습니다. 최 교수님의 동물 행동학 수업은 입이 떡 벌어지는 것이었고, 제가 진정으로 찾던 수업이었지요. 그래서 그때부터 따라

다니며 열심히 배웠고 몇 넌이 지나고는 함께 연구할 수 있는 자리까지 이르게 되었습니다.

대학원 시절의 어느 날, 거의 밤샘을 하며 논문을 작성하고 캠퍼스를 나와 집에 돌아가는 길에, 들에 핀 꽃이 예전과는 전혀 다르게 보였던 놀라운 경험을 저는 아직도 잊을 수가 없습니다. 저 꽃이 저렇게 존재할 수 있게 된 것은 수십억 년의 우연과 우연, 그리고 자연 선택이라는 알고리듬적인 과정이 작용한 결과라는 사실을 가슴으로 깨달은 순간이었습니다. 한 송이 꽃이 저렇게 아름답게 자태를 뽐내며 생존해 있다는 사실을 진화의 관점에서 보기 시작한 첫날이라고 해야 할지 모르겠습니다. 그동안 머릿속으로만 이해했던 자연 선택 메커니즘과 생명의 나무 개념이 그날 이후로 실존의 문제로 느껴지기 시작했지요. 그렇다면 장대익이라는 존재도 마찬가지라는 생각이 들었습니다.

'그래 내가 지금 여기에 이렇게 살아 있는 것은 영겁의 세월 동안 우연과 우연이 합쳐져서 생겨난 자연의 과정이었지. 이 엄청난 우연을 뚫고 여기 우뚝 존재하는 나 자신은 얼마나 고귀하고 아름다운가!!! 그리고 이것이 신의 예정이나 은총이 아니라는 사실이 얼마나 다행인가!'

죽음의 문턱 앞에서도 멋진 무신론자들

대학원을 졸업하고 방문 연구원 자격으로 만나 뵌 분은 그 유명한 데닛 교수님이었습니다. 그게 2006년이었으니까, 『주문을 깨다(Breaking The Spell)』라는 책을 출간하시고 종교 문제를 본격적으로 다루며 논쟁하고 계실 때였지요. 데닛 선생님은 인지 과학자이기도 하지만 철학자로서 유신론을 비판하셨습니다. 그리고 무신론자의 삶이 얼마나 아름답고 고귀한지, 그리고 종교가 삶의 의미를 독점하는 것이 얼마나 사악한지를 설파하셨습니다. 한번은 저랑 스쿼시를 친 적이 있었는데, 그다음 주에 갑자기 동맥이 막혀서 큰 수술을 받게 되셨지요. 운동할 때 숨을 몰아 쉬신다는 생각은 들었는데, 그렇게 갑자기 수술까지 받으실 줄은 몰랐습니다.

유명한 지식인이다 보니 전 세계에서 걱정, 응원, 격려의 이메일들이 답지했나 봅니다. 수술이 잘 끝나고 회복하신 후, Edge.org에 「선함에 감사한다!(Thank Goodness!)」[3]라는 제목의 에세이를 쓰셨는데, 그게 전 세계 지식인들 사이에서 크게 회자되었지요. 그 에세이는 죽음의 문턱까지 갔다 왔지만 자신을 살린 것은 신이 아니라 자신을 도와준 주변 사람들, 그리고 환상적인 의료진이었음을 고백하는 내용이었습니다. (앞서 보셨겠지만, 비슷한 일을 겪은 이명현 선생님도 유사한 고백을 하셨습니다. 정말 멋진 분들입니다!)

사람들은 죽음을 앞두었을 때, 큰 위기에 부딪혔을 때, 극심한 외로움에 사무칠 때, 자신보다 더 큰 존재를 찾습니다. 자신을 적극적으로 위로해 주는 집단을 찾는 경우도 흔하지요. 몇 년 전에, 지금은 작고하신 이어령 선생님이 쓴 『지성에서 영성으로』[4]라는 책을 읽어 본 적이 있습니다. 거기에는 선생님이 일본 교토에서 혼자 생활하면서 겪었던 극한 외로움이 하느님에게 나아가게 만들었다는 내용이 들어 있었습니다. 천하의 이어령 선생님도 외로움을 느끼는 똑같은 인간이구나 하고 공감할 수 있는 부분이었지요. 하지만 저에게 이 책은 오히려 이어령 선생님의 지성을 다시 봐야 한다는 생각을 불러일으키기에 충분했습니다. 죽음과 외로움의 문턱에서 데닛 선생님처럼 자신의 고고한 지성을 끝까지 유지할 수는 없으셨을까? 매우 아쉬웠습니다. 그리고 그분을 고통스럽게 만든 외로움의 문제가 초월자와의 관계를 통해 과연 해결될 수 있을지도 의문이었습니다. 사람과의 관계를 통해서 얻는 만족감(소속감과 연대감)이 신과의 관계로 대체될 수 있을지, 저는 잘 모르겠습니다.

나는 죽음이 두렵지 않다

과학적 무신론자를 자처하고 있는 저에게 단골 질문들이 있어요. "죽음이 두렵지 않으세요?" "무신론자들은 힘들 때 어디에 의지해요?" "과학적 세계관을 받아들이면 결국 허무해지지 않나요? 그래서 인생을 막 살게 되지 않나요?"

우선, 저는 죽음 자체가 두렵지는 않습니다. 죽음에 이르기까지 겪어야 할 심리적, 물리적 고통(pain)에 대해서는 두려움이 있지만요. 달리다가 넘어져 무릎이 다치면 누구나 아프잖아요. 그런 경험이 없는 사람은 없습니다. 그러니 넘어지지 않으려 하지요. 제가 죽으면 저를 사랑하는 사람들이 얼마나 슬퍼할까 하는 생각만 해도 걱정되고 괴롭습니다. 이런 물리적, 심리적 고통에 대한 공포는 누구에게나 있습니다.

제 아무리 다윈, 도킨스라도 못에 찔리면 아프고, 사랑하는 사람을 잃으면 고통스럽습니다. 인간이면 누구나 고통을 피하려는 동기를 갖고 있지요. 이게 없으면 그냥 일찍 사망합니다. 고통을 느끼는 것, 고통을 피하려는 심리 또한 생존과 번식을 위한 진화의 산물입니다. 칼에 찔려 피가 철철 나는데도 아프지 않아서 모른다면 그 사람은 곧 과다 출혈이나 병원체 감염으로 죽고 말겠지요. 죽음에 이르기까지의 고통에 대한 두려움이 없다면 위험한 일을 마다하지 않다가 죽음에 이를 확률이 높아지겠지요. 그러니 고통을 느끼지 못하거나, 고통에 대한 두려움이 없었던 (원시) 인간들은 자손을 남기지 못하고 자연 선택을 통해 도태되었을 것입니다. 지금 남아 있는 사람들은 극히 드물게 나타나는 돌연변이를 제외하고는 모두 고통을 느끼고 고통을 피하려는 심리를 물려받았지요.

종교인이라고 그런 고통이 없을까요? 세계 3대 갑부는 돈으로 그 고통을 없앨 수 있나요? 물론 기도와 의례를 통해 어느 정도는 고통을 완화할 수 있을지 모르지만 완벽한 정신 승리는 불가능합니다. 돈으로 최고의 의료 혜택을 살 수는 있겠지만, 정상적인 신경계를 가진 이상, 고통은 피할 수 없어요.

단지 과학적 세계관을 가진 사람들은 죽음 이후의 세계는 없다고 믿기 때문에 현실에서 더 나은 삶을 살려고, 더 좋은 삶을 살려고 애를 씁니다. 종교인들은 죽음 이후에 대해 이야기하지만, 이것은 하나의 거대한 허구적 내러티브입니다. 현실의 삶을 위해서 별로 바람직하지도 않습니다. 온갖 나쁜 짓 다해도 죽기 전에만 회개하면 천국에 갈 수 있다는 내러티브는 공정함의 기준에 부합하지 않을 뿐만 아니라 현실의 갈등을 해결하는 데에도 전혀 도움이 되지 않습니다. 흔히 내세의 심판이 있다면 사람들이 더 도덕적으로 살지 않겠는가 하고 반문하지만, 이런 공포 때문에 착하게 산다면, 그것은 아버지에게 매 맞지 않기 위해서 나쁜 짓 안 하는 것과 별반 다를 게 없지요. 그냥 아주 낮은 수준의 도덕인 것입니다. (게다가 종교를 가진 사람들이 더 도덕적으로 산다는 것은 경험적으로도 받아들이기 힘듭니다.)

과학적 세계관으로 무장한 사람들은 힘들 때 유신론자들이나 물질 만능주의자들과 마찬가지로 자신의 신념, 주변 친지들, 그리고 적절한 의약 등에 의존합니다. 하지만 유신론자들과는 달리, 모든 원인을 신에게서 찾으려 하지 않습니다. 물질 만능주의자들과는 달리, 돈으로 모든 것을 해결할 수 있다고 보지도 않습니다. 고통이 닥치면 유신론자는 신이 허락한 것이고, 그래서 극복이 가능하다고 믿습니다. 또는 신의 시험이라 여기고 그 고통을 그대로 인내하지요. 물질 만능주의자들은 돈 때문에 생긴 문제고, 그래서 돈으로 해결 가능하다고 믿습니다. 반면, 과학적 세계관을 가진 이들은 객관적 증거들과 합리적 추론을 통해 문제의 원인과 해결책을 정교하게 찾아냅니다. 그러니 단순히 극복할 수 있다고 믿거나 그대로 인내하는 유신론자들과는 달리, 돈으로 해결할 궁리만 하는 물질 만능주의자들과는 달리, 현실적으로 고통을 줄여 삶을 더 나아지게 만드는 방법을 찾아낼 가능성이 훨씬 큽니다. 과학적 세계관을 가진 사람들은 그렇지 않은 이들보다 훨씬 더 정확하고 섬세한 사람들입니다. 그래서 좋은 판단을 내릴 수 있지요.

무신론이 인생을 허무하게 만든다고요? 언제 허무감이 드는지를 가만히 살펴봅시다. 달성해야 할 목표가 사라졌을 때, 삶을 살아가야 할 이유가 없어졌을 때, 아무리 노력해도 달성되지 않을 것이라 예상될 때지요. 요약하면 목표와 희망이 사라지면 허무의 싹이 올라온다고 할 수 있습니다. 그렇다면 과학적 세계관이 왜 허무함을 준다는 것일까요? 유신 종교는 신자들이 '신을 기쁘게 하기 위한 삶'을 살아야 한다는 뚜렷한 목표를 제시합니다. 그리고 그렇게 하면 구원을 받는다는 희망을 주며, 종교적 헌신을 하면 할수록 그 목표에 좀 더 다가갈 것이라는 기대감을 줍니다. 의미의 내러티브지요.

반면 과학적 세계관에는 '신을 기쁘시게!' 따위의 목표는 존재하지 않습니다. '다윈을 기쁘게!', '세이건을 기쁘게!', '도킨스를 기쁘게!', '파인만을 기쁘게!' 같은 게 있다면 그건 과학적 세계관이 이미 아닙니다. 과학은 '대상'을 숭상하지 않습니다. '절차'를 숭배합니다. 어떠한 결론에 도달했다고 하더라도 '과학적 방법론'이라는 특수한 절차를 제대로 따랐는지 집중적으로 검토합니다. 그래서 과학적 세계관을 가진 사람이라면 그 어떤 목표를 가져도 됩니다. 창의적인 사람이 되고 싶다는 게 인생의 목적이라면, 창의적인 것이 무엇인지에 관해 연구하고, 그 목적을 추구하면서 연구한 대로 살면 되는 것입니다. 전 세계를 자유롭게 떠돌며 사는 게 인생의 목표라면, 그것이 가능하도록 경제적, 체력적으로 준비하고, 환경이 갖추어졌을 때 떠나면 되는 것입니다.

과학은 저에게 인간의 동기 부여에 영향을 미치는 기본적인 심리적 욕구가 자율성(autonomy), 유능성(competence), 관계성(relatedness)이라는 것을 가르쳐 주었습니다. 에드워드 데시(Edward Deci, 1942년~)와 리처드 라이언(Richard Ryan, 1953년~)이 말한 자기 결정성 이론(self-determination theory, SDT)이지요.[5] 자기 결정성 이론을 공부하면서 저는 세 가지 심리적 욕구 중에서도 저에게는 자율성이 가장 중요한 동기라는 것을 깨달았습니다. 그래서 저는 다른 사람에 의해서가 아니라, 스스로 결정해서 늘 하고 싶은 것을 하며 살고 있지요. 물론 하고 싶은 것을 하다 보면, 그다지 하고 싶지 않은 사사로운 일들도 해야 할 때가 있기는 합니다. 하지만 큰 틀에서는 하고 싶은 일을 하는 것이기 때문에 별 문제없이 그냥 해치워 버리지요. 이러한 자율성 욕구의 충족은 저에게 엄청난 해방감을 선사합니다. 삶에 대한 만족도가 높을 수밖에 없지요.

과학적 세계관을 가진 사람들에게는 엄청난 자유가 있습니다. 자유롭게 자신이 추구하고 싶은 가치들을 품을 수 있습니다. 어떤 이들에게는 언론의 자유가, 민주주의의 실현이, 기후 위기에 대한 대응이, 채식주의의 보편화가 인생의 최대 가치일 수 있습니다. 멋진 이성과 결혼하겠다는 꿈도 실존의 최고 가치일 수 있겠습니다. 목표를 스스로 정하고 그것에 이르기 위해 부단히 노력하는 삶, 이런 삶이 더 멋질까요, 아니면 '신을 기쁘시게!'라는 목표를 가진 삶이 더 멋질까요?

과학적 세계관은 의미를 추구하는 우리에게 보너스를 하나 더 줍니다. 그것은 세상과 우리, 그리고 나 자신에 대한 객관적 이해입니다. 이 이해는 세상이 왜 이런 식으로 굴러가고, 인간들은 왜 이렇게 행동하는지를 파악할 수 있게 합니다. 이 이해는 내가 왜 이런 행동을 하는지, 어떤 것들을 좋아하거나 싫어하는지, 강점과 약점은 무엇인지를 객관적으로 성찰할 수 있게 합니다. 나를 둘러싼 환경과 자신의 선호 및 장단점을 잘 파악하면 삶을 더 긍정적으로 만드는 쪽으로 의사 결정을 할 수 있습니다. 심지어 현재의 산업 생태계와 사람들의 집단 심리를 잘 파악하는 능력, 나의 성향을 객관적으로 인식하는 능력은 자산 관리와 투자에도 도움을 주지요. 그러니 과학적 세계관을 가진 사람들이 더 만족도 높은 삶을 살 수 있게 되는 것이 당연하지 않을까요?

무신론자들이 허무감에 빠져 인생을 막 산다고 생각하는 것도 심각한 편견입니다. 무신론자들은 자신의 인생 경로를 매우 합리적인 방식으로 설계하고 만들어 나갈 수 있는 잠재력을 갖고 있습니다. 많은 무신론자가 과학, 인문학, 예술, 철학 등 다양한 분야를 탐구하고, 자신이 탐구한 내용을 바탕으로 삶의 목적과 가치를 스스로 설정해서 깊이 있는 인생을 살고 있지요. 실제로, 인생을 막 굴리는 사람들은 그가 유신론자든, 무신론자든, 아니면 물질 만능주의자든 자신의 행동에 책임을 지지 않는 미숙한 사람들일 뿐입니다. 그들의 태도는 그들의 신념 체계보다 개인적인 성숙도와 관련이 있다는 말이지요.

저에게 던져지는 단골 질문들에 이렇게 간단히 답하겠습니다. "죽음에 이르는 과정에서 느껴질 고통은 두렵지만, 그래서 더욱 현실의 삶에 충실합니다.""힘들 때는 객관적 사실들과 합리적 추론에 의지해 더 나은 방향으로 개선하고자 합니다.""과학적 세계관을 받아들이면 쉽게 허무를 극복할 수 있고 오히려 자유로워집니다. 그래서 인생을 더 의미 있게 살게 되지요."

네 번째 시간

새로운 처세술

"과학적 태도를 어떻게 키울 수 있는가?"

과학적 세계관을 받아들이고 과학적 태도를 바탕으로 살고 있다고 말씀하신 두 선생님을 옆에서 지켜본 입장에서는 선생님들이 정말 삶을 긍정적이고 풍요롭게, 자유롭고 즐겁게 사시는 것 같다는 생각이 듭니다. 그런데 한편으로는 '소위 배운 사람들, 특별한 사람들이나 그렇게 살 수 있지, 나 같이 평범한 아줌마/아저씨가 두 선생처럼 그렇게 살 수 있겠어?'라고 생각하시는 분들이 계실까 우려스럽습니다. 저는 감히 여러분도 얼마든지 과학적 소양을 기르고 과학적 태도를 가질 수 있다고 생각합니다. 왜냐하면 저같이 평범한 사람도 노력하니까 점점 변화되는 것을 느낄 수 있었거든요. 물론 과학적 소양, 과학적 태도를 기르는 것이 저절로 되는 것은 절대 아닙니다. 강의에서도 들으셨다시피 인간의 뇌는 과학 공부에 적합하게 타고나질 않았잖아요. 몸도 좋은 음식을 먹고 운동도 해야 건강을 유지할 수 있듯이 과학적 태도, 정신도 노력을 해야 하지 않겠어요? 이번 시간에는 과학적 정신, 과학적 태도가 무엇인지, 그리고 어떻게 하면 과학적 소양과 과학적 태도를 기를 수 있는지를 알아보도록 하겠습니다.

과학은 특별한 방법이다

장대익

과학을 제대로 경험하게 되면 과학을 모를 때로 돌아가기가 대단히 힘들어집니다. 천둥이 치는 원인을 물리학적으로 이해한 사람에게 누군가가 "천둥은 신이 화를 내는 소리야."라고 우긴다면, 그냥 웃고 넘어갈 것입니다. 이것은 마치 대학교 3학년이 초등학교 3학년으로 되돌아가기 힘든 것과 같습니다. 저는 종교에 쉽게 빠지는 사람들 중 다수는 과학의 세계를 한번도 제대로 경험하지 못한 사람들일 거라고 생각합니다. 과학을 아는 사람들이 창조, 부활, 삼위일체, 윤회, 내세 같은 개념을 진실로 받아들이기는 대단히 힘들지요.

그렇다면 대체 과학은 무엇일까요? 여기서 중요한 구분이 필요합니다. 과학은 내용적 측면과 형식적 측면이 모두 필요합니다. 내용적 측면이라 함은 과학이 이론과 실험을 통해 생산한 지식과 통찰 등을 지칭합니다. 가령, 진화론은 진화와 관련된 지식과 정보 등을 알려주지요. 한편 형식적 측면은 그런 과학 지식 등을 어떠한 방법으로 얻었는지와 관련되어 있습니다.

"침대는 과학입니다."라는 광고 카피 아시지요? 과학적으로 잘 만들었다는 뜻일 것입니다. '과학적'이라는 표현은 오늘날 지식의 권위를 상징합니다. 세상에 존재하는 수많은 지식 중에서 과학적으로 만들어진 지식이라면, 그것은 가장 신뢰할 만한 지식으로 여겨집니다. 왜 그런 평가를 받는 것일까요?

과학은 특별한 내용이 아니라 특별한 절차요, 방법이기 때문입니다. 과학 지식은 그런 방법을 정상적으로 따르며 얻어진 지식을 의미합니다. 20세기 과학 철학의 역사는 그 방법이 무엇이냐를 놓고 벌인 논쟁이라 할 수 있지요. 여기서 과학 철학의 쟁점을 다 설명드릴 수는 없으니 주류 입장을 간단히 소개해 드리겠습니다.[1]

과학적 방법론은 지식을 추구하고 이해하는 데 사용되는 체계적이고 합리적인 절차를 말합니다. 구체적으로는 어떤 현상을 설명하기 위해 가설을 세운 후(가설 생성 단계), 그 가설로부터 새로운 사실들을 예측하고, 실제 사례들이 그 예측에 부합하는지를 검증하는 절차(가설 평가 단계)를 의미하지요. 만일 이 마지막 단계에서 예측치와 실제 측정치가 일치하면 '입증(confirmation)'되고, 어긋나면 '반증(falsification)'의 절차를 밟게 됩니다. 입증은 어떤 가설이나 이론이 관찰이나 실험을 통해 증명되거나 확인되는 과정입니다. 만일 가설이 반복적으로 입증되면 이론으로 승격되어 널리 받아들여집니다. 반증은 가설이나 이론이 잘못되었음을 증명하는 과정입니다. 과학적 방법론에서는 특정 가설이나 이론이 오류가 없음을 입증하는 것은 불가능하다고 여기며, 대신 그것을 반증할 수 있는 증거를 찾는 것에 초점을 맞춥니다. 여기서 중요한 것은 경험적인 검증 과정이 꼭 필요하다는 사실입니다.

그래서 아무리 멋있는 주장이라 하더라도 경험적으로 검증해 볼 수 있는 예측을 내놓지 못하는 가설이라면 그것은 과학이 아닙니다. 반증 가능성이 없는 가설은 과학이 아니라는 이야기이지요. 성경 첫 장에 "태초에 하나님이 천지를 창조하셨다."라는 멋진 문장이 나옵니다. 그러나 이 문장의 진위를 경험적으로 가릴 수 없기 때문에 이 명문은 그냥 선언일 뿐입니다. 앞서 언급한 절차들을 따르지 않은 지식이기 때문에 과학적 지식이라 할 수 없습니다. 과학적 지식의 지위를 갖기 위해서는 좀 전에 말씀드린 특별한 방법(절차)을 따라야만 합니다. 그 절차를 통해 과학자들은 가설을 지지하는 증거를 찾아내거나 가설을 수정하거나 새로운 가설을 제시합니다. 이것이 지식을 체계적이고 합리적인 방식으로 발전시키며 우리가 세상을 이해하는 데에 도움을 주어 궁극적으로는 인류의 발전에 기여하게 되는 것이지요.

흔히 과학이라고 하면 자연 과학만을 떠올리는데, 그렇지 않습니다. 과학적 방법론을 사용해 현상을 관찰, 설명, 예측하고 이해하는 방식으로 연구한다면 그것은 과학이라 할 수 있지요. 과학적 방법론은 자연 과학 분야만이 아니라 사회 과학, 인문 과학, 응용 과학 등 다양한 분야에서 사용됩니다. 이러한 학문들은 모두 체계적이고 객관적인 방식으로 지식을 생성하고 검증하기 때문에 과학의 범주에 넣을 수 있습니다. 따라서 그 연구 결과는 현재까지는 가장 신뢰할 만한 것이라 할 수 있지요. 다시 한번 강조하지만, 과학은 그것만의 독특한 방법론이 중요합니다.

군대의 특수 부대원을 생각해 봅시다. 그들은 일반 병사와 다릅니다. 무엇이 다릅니까? 체력적으로 더 강인하고 전술적으로 훨씬 더 높은 수준의 지식을 소유했으며 전투 훈련 경험도 일반 병사와 비교가 되지 않을 정도로 많습니다. 그러니 작전에 투입될 때 임무를 완수하고 무사히 귀대할 개연성이 일반 병사에 비해 훨씬 높겠지요. 전투 시 생존 확률이 상대적으로 훨씬 높다고 할 수 있습니다. 그렇다면 이런 확률 차이는 무엇 때문에 생긴 것이겠습니까? 그렇지요. 특수 훈련을 받았고 혹독한 선발 절차를 통과했기 때문입니다. 그 과정에서 일반 병사와의 수준 차이가 확보된 것이지요.

오늘날 지식의 세계에서 과학적 지식이 가장 신뢰할 만한 지식으로 높이 평가받는 이유 또한 마찬가지입니다. 경험의 혹독한 시험을 잘 견뎠기 때문입니다. 앞에서 저는 종교, 신화, 이념을 모두 내러티브라고 할 수 있다고 말했습니다. 과학도 하나의 내러티브일 것입니다. 세상에 대한 설명이니까요. 하지만 과학의 내러티브는 나머지 것들과 근본적으로 다릅니다. 경험의 혹독한 시험을 견뎌 살아남은 것만이 과학의 내러티브 세계에 입학할 수 있기 때문이지요. 다른 내러티브들은 이런 유형의 검증을 받지 않습니다.

물론 종교, 신화, 철학, 이념의 세계에도 혹독한 생존 투쟁이 있습니다. 가령, 사회주의는 자본주의와의 대결에서 크게 패했고, 모더니즘은 포스트모더니즘에게 자리를 양보했으며, 페미니즘은 거친 저항에도 불구하고 시대의 선택을 받고 있습니다. 하지만 이런 게임에는 '자연'이 심판으로 참여하지 않습니다. 그들은 경험의 세계에서 벌어지는 검증이 아니라 상상의 세계에서 펼쳐지는 게임의 참가자들이지요. 그들에게는 이 상상의 세계에서 얼마나 매력적으로 평가받는가가 가장 중요합니다. 바로 이런 차이 때문에 과학은 내러티브의 세계에서 신빙성이 가장 높은 지식으로 자리잡았습니다. 우리가 지구 밖으로 우주 왕복선을 쏘아 올릴 수 있는 것은 현대 물리학 지식이 경험과 검증의 혹독한 시험에 통과했기 때문이지 성령의 도움 때문이 아닙니다.

지성사의 관점에서 보면, 과학은 중세의 자연 철학이 근대의 실험 과학으로 진화하는 과정에서 본격적으로 시작된 새로운 지식 생산 방법론이라 할 수 있습니다. 이런 과학에 대해 많은 이들이 터무

니없는 오해를 하고 있습니다. 가장 흔한 편견은 '과학은 오만하다.' 는 생각입니다. 과학이 세상에 존재하는 지식들 중에서 가장 신빙성 있는 지식으로 인식되다 보니까 갈등이 생길 때 심판자의 자리에 앉곤 합니다. 판사의 자리에 앉은 지식이라고 할 수 있겠지요. 그러다 보니 과학이 오만하다는 오해가 생긴 것 같습니다. 하지만 앞서 이야기했듯이, 과학만이 경험의 혹독한 시험에 자신을 내놓습니다. 1년 전에 노벨상 수상자가 최고의 전문 학술지 《네이처》에 낸 논문을 한국의 석사 과정 학생이 논문으로 반박할 수 있는 게 과학의 세계입니다. 오만하기는커녕, 가장 겸손한 지식이라고 해야 하지 않을까요? 과학은 두어 명, 아니 수백 명이 그냥 합의하기로 했다고 유지될 수 있는 성질의 것이 아닙니다. 집단적 차원의 혹독한 검증에 노출되어 있지요. 세상에서 가장 열린 지식이라고 할 수 있습니다.

과학적 태도가 중요하다

하지만 일반인의 입장에서는 과학이 멀게 느껴지는 게 사실입니다. "그래, 과학이 최고인지는 알겠어. 그렇다고 우리 모두가 과학자가 될 수는 없잖아?"라고 반문하실 분도 있을 것입니다. 당연히, 모두가 과학자가 되자는 이야기는 아닙니다. 다만 과학적 지식이 어떤 절차를 통해 형성되고 평가받는지를 이해하는 것이 과학 기술의 시대를 살아가는 우리 모두에게 반드시 필요하다는 말입니다.

이런 맥락에서 정작 우리가 학교에서 일차적으로 배워야 하는 것은 역학이나 진화론과 같은 개별 과학의 '내용'이 아닌지도 모릅니다. 과학이 어떠한 유형의 지식이고 과학적 태도를 갖는다는 게 무엇이며 얼마나 중요한가를 잘 배워야 했습니다. 다시 말해 '과학 정신'을 배워야 했다는 말입니다.

과학 정신이란, '최신의 과학적 내용에 호기심을 갖고(과학적 소양), 과학적 방법론을 중시하는 태도(과학적 태도)를 포함하며, 이를 바탕으로 의사 결정을 내리려는 의지를 갖는 것'으로 규정할 수 있습니다. 우리 모두가 과학자가 될 수는 없지만 과학 정신은 모두가 배우고 익힐 수 있습니다. 그리고 과학 정신은 우리가 잘 살아가는 데에 중요합니다. 학교에서 과학 정신을 가르쳐야 한다는 것은 그것이 우리의 삶의 질을 향상시키는 데에 중요한 기반이 되기 때문입니다.

그렇다면 과학 정신을 어떻게 고양시킬 수 있을까요? 과학 정신을 가로막는 습관부터 이야기하는 게 더 실용적일 것 같습니다. 관련해서 제가 흥미로운 실험을 해 본 적이 있어요. 2016년 3월에 있었던 알파고 대 이세돌의 세기의 바둑 대국, 기억나시나요? 여러분은 대국의 결과를 어떻게 예상하셨나요? 저희 연구실에서 궁금증이 생겼습니다. '어떤 결과가 나올지 모르는 그 대국을 정확하게 예측하는 것은 대체 어떤 유형의 사람들일까?'라는 것이었지요. 그래서 100명의 피험자를 모집해서 대국 시작 하루 전에 대국 전체의 결과를 예상하게 했습니다. 이제 우리는 그 결과를 알지요. 4 대 1로 알파고가 압승을 했고, 이세돌은 네 번째 대국에서 한 번 이긴 것으로 바둑사와 인공 지능 역사의 레전드가 되었습니다.

여기서 저희는 소위 '에고-네트워크(ego-network) 연구'라는 것을 수행했습니다.[2] 에고-네트워크 연구란, 개인(에고)과 그 주변 관계자들 사이의 네트워크 구조를 분석하는 연구를 말합니다. 저희는 피험자에게 자신의 가장 친한 친구 5명의 이름을 적도록 요청한 후, 그 5명이 서로 친구 관계에 있는지를 적게 했습니다. 그러면 결과는 5명 모두가 서로 친구인 한 극단과, 친구들이 서로 아무도 모르는 다른 극단 사이에 있겠지요. 사실 대부분의 사람은 양극단의 중간 어딘가에 위치할 것입니다. 이 결과를 가지고 에고-네트워크의 '밀도(density)'를 측정했습니다. 이것은 한 개인의 주변 관계자들 사이의 연결 정도를 나타내는 척도인데, 네트워크 내에서 가능한 모든 연결 관계의 수(여기서는 5명이므로 (5×4)/2로 계산되므로 10이 됩니다.) 대비 실제 존재하는 연결 관계의 수를 기반으로 계산됩니다. 조금 어렵지요? 쉽게 말해, 서로 모르면 밀도가 낮고, 서로 알면 밀도가 높다고 생각하시면 됩니다.

어떤 밀도를 가진 사람들이 알파고 대 이세돌 대국에 대한 예측에 더 성공했을까요? 당시 대다수의 한국인들은 이세돌의 압승을 예측했습니다. 체스야 그렇다 쳐도 바둑은 무한한 경우의 수를 계산해야 하기 때문에 '딥 러닝 할아버지가 와도 아직은 안 될 거야.'라는

별먼지와 잔가지의 과학 인생 학교

식의 예측이었지요. 하지만 결과는 정확히 반대였고 그 후로 우리는 바둑도 인공 지능에 자리를 내줬음을 알게 되었습니다. 다시 우리의 가설로 돌아가 볼게요. 저희는 에고-네트워크의 밀도와, 아직 그 결과를 잘 모르는 미래의 사건에 대한 예측의 정확도가 어떤 관련이 있는지를 알고 싶었습니다. 저희 연구진의 가설은 밀도가 낮은 사람일수록 더 정확한 예측을 한다는 것이었습니다. 왜냐하면, 밀도가 낮은 사람들, 즉 자신의 친구들이 서로 잘 알지 못하는 경우에는, 아직 일어나지 않은 일들에 대해 다양한 의견을 들을 수 있는 개연성이 커서, 상대적으로 의견의 동조(conformity)가 일어날 가능성이 작기 때문입니다.

이세돌 대 알파고 대국은 사람들의 예상이 한쪽으로 치우쳐 있었기 때문에(이세돌의 압승) 동조 현상이 발생할 가능성이 특히 컸습니다. 그러니 에고-네트워크의 밀도 효과를 검증하기에 아주 좋은 사례였지요. 실험의 결과는 저희의 예상과 일치했습니다. 밀도가 높은 사람들은 하나의 목소리를 증폭해서 듣게 되었고, 밀도가 낮은 사람들은 소수의 의견도 들을 수 있는 기회가 있었던 것이지요. 열린 네트워크가 정확한 예측을 낳았다고 할 수 있습니다.

우리 주위에 꼭 이런 사람들이 있어요. 주변에 사람을 몰고 다니는 이들. 주로 종교인, 정치인, 사업가 들이 이런 유형의 사람들인데요, 이들은 자신의 세력을 과시하려다 보니 밀도 관리에 실패하는 경우가 많습니다. 주변에 30명이 따라다니는데 모두 비슷한 생각을 가진 '예스맨'이지요. 그러다 보니 현실에 대한 인식이 '안드로메다'로 가 버리는 경우가 종종 발생합니다. 주변 사람 100명, 아니 지지자 10만 명이 다 동의하는 의견이 있다고 해도 그것은 진실이 아닐 수 있습니다. 단지 잘못된 의견에 대한 극단적 동조가 나타난 것뿐일 수도 있지요. 이것을 극복하기 위해서는 과학 정신이 필요합니다.

이런 맥락에서 과학 정신이란 열린 네트워크를 지향하는 태도라고 할 수 있습니다. 만약 주변에 여러분을 따르는 사람들이 많다면, 잠시 여러분의 네트워크를 의심해 보세요. 예스맨만 있는 것은 아닌지 점검해 보세요. 규모에 집착해서 밀도에 소홀한 것은 아닌지 체크가 필요합니다. 만일 네트워크 밀도가 1에 가깝다면, 절친들과 절교할 수는 없을 테니, 평소에 여러분의 견해에 종종 이견을 표시했던 불편한 친구들도 옆에 두려고 해 보세요.

요즘은 주위에 널린 미디어들 때문에 동조 현상이 더욱 심각하게 일어납니다. 자신의 의견과 유사한 포스팅에 '좋아요'를 누르다 보니 추천받는 정보들이 죄다 비슷한 성향의 것들이 되지요. 정보를 제공하는 채널이 다양하게 있다고 해도, 추천 알고리듬 때문에 유사한 정보들만 들어오고 그것들이 증폭되는 효과가 발생합니다. 에고-네트워크 관점에서 보면, 밀도가 점점 높아지는 현상이지요. 그렇지 않아도 우리 본성에는 반증 사례는 무시하고 확증 사례에만 집중하는 확증 편향(confirmation bias)이 깃들어 있습니다. 여기에 이런 미디어 환경이 결합되다 보니 확증 편향의 증폭이 일어나고 있습니다.

이왕 미디어에 대한 이야기가 나왔으니, 과거와 지금의 미디어 환경이 어떻게 다른지 좀 더 이야기해 보겠습니다. 과거에도 미디어는 동조, 조작, 무의식적 선동 등의 심리 기법을 사용해서 소비자들의 주의를 이끌어내는 데 성공했지요. 하지만 요즘은 인공 지능 추천 알고리듬을 통해 사용자들의 성향 및 과거 선택 패턴을 분석하고 사용자들이 좋아할 만한 콘텐츠를 제시하는 맞춤화된 형태로 진화했습니다. 이렇게 되다 보니, 페이스북에서 '좋아요'를 300번 누르셨다면, 페이스북은 이제 여러분의 친구들보다, 어쩌면 여러분 자신보다 여러분의 선택을 더 잘 예측할 수 있게 되었지요. 이게 뭐 대수냐 싶으시겠지만, 추천 알고리듬의 문제는 '이 시대에 과학 정신이 왜 더 중요해졌는가?'라는 문제와 직결되어 있습니다.

추천 알고리듬이 장착된 요즘의 각종 뉴스 미디어나 SNS의 사용자들이 많아질수록 그들의 네트워크는 점점 더 폐쇄적으로 변합니다. SNS를 더 자주 사용할수록 네트워크의 밀도는 더 높아지고 확증 편향은 더 강해져서 자신의 네트워크에서 빠져나오기 힘들어집니다. 아직도 우리를 반으로 갈라놓는 이념 갈등, 남녀 갈등, 노사 갈등, 세대 갈등은 이런 미디어 환경에서 더욱 증폭되고 있습니다. 2021년 《뉴욕 타임스》는 「유튜브 동영상이 아버지를 세뇌시켰습니다. 아버지의 피드를 다시 프로그래밍할 수 있을까요?(YouTube

Videos Brainwashed My Father, Can I Reprogram His Feed?)」라는 제목의 칼럼을 싣기도 했지요.[3] 이 칼럼은 지속적으로 극우 의견에 노출된 아버지가 정치적으로 과격해지고 급진화되어 가족 관계가 악화된 사례를 다루고 있습니다.

미디어의 확증 편향 강화로부터 벗어나기 위해서는 어떻게 해야 할까요? 방법이 있을까요? 아미시(Amish, 주로 미국과 캐나다에 거주하고 있으며 현대 기술로부터 격리되어 간소하고 전통적인 삶을 사는 그리스도교의 한 종파) 단체처럼 모든 디지털 기기를 끄고 살 수 있을까요? 실천 가능한 한 가지 방법은 '디지털 다이어트'를 시작하는 것입니다. 기기 사용 시간이 하루에 2시간쯤 되는 사람은 1시간쯤으로 줄여 보는 것이지요. 그리고 그 시간에 되도록이면 다양한 의견들을 접해 보는 것입니다. 「김어준의 겸손은 힘들다 뉴스 공장」만 듣던 사람은 그 시간에 《동아일보》도 한번 읽어 보는 식으로 말이지요. 혹은 그 반대로요.

그리고 모든 의사 결정에서 의식적으로 과학 정신을 구현하려 노력해 보는 게 필요합니다. 증거들에 기반하되, 반대되는 증거들도 민감하게 고려해 보고, 합리적으로 추론해 보며, 주변 사람들의 견해에 휘둘리지 않는지 점검해 보는 식이지요. 쉽다는 이야기는 아닙니다. 컴퓨터 과학자들, 소위 전문가들도 이세돌 대 알파고 대국에 대해 틀린 예측을 했으니까요. 자연스럽다는 이야기도 아닙니다. 제가 그랬지요? 과학은 대개 부자연스럽고 많은 에너지를 필요로 하고 반직관적이라고요.

　이제 일상에서 매일매일 과학 정신을 고양시키는 실천적 방법을 제안해 드리고자 합니다. 과학은 관찰로부터 출발합니다. 만일 여러분이 대중 교통을 이용해 출퇴근하는 경우라면, 오가는 길에서 새롭게 관찰한 사실들을 매일 하나씩 기록해 보라고 권하겠습니다. 가령, 마을 버스에 이미 탑승한 사람들이 문 근처에만 몰려 있어서 몇 대의 버스를 그냥 보내고 지각했던 경험을 기록할 수 있겠지요? 그리고 그 옆에 "왜 이런 일이 발생할까?"라고 적고는, 나름대로 여러분의 가설을 세워 보는 것입니다. "자기는 탔으니까 된 거고, 나중에 내릴 때 편하려고 문 근처에 서 있는 거겠지."라고 적을 수도 있지만, "버스의 문이 하나뿐이어서 승하차하려는 사람들이 문 근처로 몰릴 수밖에 없기 때문"이라는 가설을 제시할 수도 있습니다. 그렇다면 일상에서 두 번째 가설을 검증하는 방법도 찾아볼 수 있습니다. 승하차 문이 2개인 버스에서는 문 근처로 몰리는 현상이 덜 한지를 관찰해 보는 것이지요. 질문을 갖고 면밀히 관찰을 하기 시작하면 매일 반복되는 것처럼 보였던 일상이 새롭게, 다르게, 낯설게 보이기 시작할 것입니다. 출퇴근 길에 스쳤던 수많은 간판들도 새롭게 눈에 들어올 것입니다. 매일 새로운 일상을 맞는 셈이지요.

　만일 여러분이 이런 태도를 직장 일에도 그대로 적용할 수 있는 분이라면 유능한 인재로 인정받을 가능성이 매우 높습니다. 적어도 여러분은 문제를 잘 찾는 훈련을 매일매일 하고 있는 사람일 테니까요. 물론 누구나 전문 과학자가 될 수는 없습니다. 하지만 누구든 과학 정신을 경험하며 일상을 재미있고 풍성하게 살아갈 수는 있습니다. 이런 일상적 관찰, 가설 세우기, 검증 하기의 과정은 여러분의 과학 정신을 고양시킵니다.

과학은 공짜가 아니다

이명현

저는 요즘 일주일에 한 번씩 일대일 대면 요가를 하고 있습니다. 급성 심근 경색을 겪은 심장 질환자로서, 할 수 있는 운동이 상당히 제한적입니다. 그나마 요가가 부담이 덜 가는 운동이어서 시작했습니다. 몸을 단련하는 것이 건강에도 좋고 균형 잡힌 정신을 유지하는데 좋다는 생각으로, 많은 사람이 요가도 하고 필라테스도 하고 개인 코칭을 받기도 합니다. 몸은 연습을 통해서 단련하고 수련해야 한다는 데 이견을 달 사람은 없을 것입니다. 마음은 어떤가요? 마음을 수련하는 것도 유행입니다. 스트레스를 완화시키고 뇌를 변화시킬 수 있다는 기대를 가지고 명상을 하는 사람도 부쩍 많아졌습니다. 그렇다면 태도는 어떨까요? 그렇습니다. 과학적 태도도 그냥 얻어지는 것이 아닙니다. 과학적 태도도 길러야 합니다. 몸처럼 단련을 하고 수련을 하고 연습을 해야 생겨나는 것이지요.

현대 과학은 상대성 이론과 양자 역학, 그리고 진화론을 그 바탕에 두고 있습니다. 상대성 이론에서 이야기하는 시간과 공간의 신축성은 일상에서 체험하기 힘든 현상입니다. 양자 역학에서 이야기하는 불확정성 원리를 일상의 공간에서 경험할 수는 없습니다. 일상 생활에서 마주하는 세계는 뉴턴 역학으로 설명 가능한 거시 세계이기 때문이지요. 진화는 아주 오랜 시간에 걸쳐 이루어지는 일입니다. 필멸자들의 수명 범위 내에서 눈에 띄는 변화를 경험하기 쉽지 않습니다. 팬데믹으로 전 세계가 난리였던 지난 몇 년 동안 코로나바이러스 변이가 얼마나 잘 발생했는지를 생각해 보시면, 진화의 맛을 아주 살짝은 느끼셨을 것도 같습니다.

현대 과학의 원리는 우리의 일상의 경험치와 다른 이야기가 진실이고 진리라고 말하고 있습니다, 개인적인 일상 경험만으로는 현대 과학을 바탕으로 한 과학적 태도를 지니기가 쉽지 않습니다. 현대 과학을 이해하는 것이 어려운 이유도 바로 비직관성 같은 일상과의 괴리에 있습니다. 보이는 게 다가 아니라는 것이지요. 따라서 과학적 태도를 형성하기 위해서는 훈련이 필요합니다. 우리의 이성을 단련해야 합니다.

과학 문해력 기르기

과학적 태도를 기를 수 있는 방법은 무엇일까요? 우리는 모두 학교에서 또는 다른 경로를 통해서 과학을 배웠지만, 여전히 많은 사람이 과학은 어렵다고 생각합니다. 뿐만 아니라 과학 수업을 통해 과학적 태도를 형성할 수 있었던 사람은 그리 많지 않을 것입니다. 저는 이것이 우리나라 과학 교육의 구조적인 문제라고 봅니다.

우리 교육계에서는 '과학적 소양(scientific literacy)'이라는 개념을 사용합니다. 우리나라 과학 교육의 성격과 목표를 규정하는 국가 교육 과정에서도 수십 년 전부터 "자연 현상과 사물에 대하여 흥미와 호기심을 가지고 탐구하여 과학의 기본 개념을 이해하고, 과학적 사고력과 창의적 문제 해결력을 길러 일상 생활의 문제를 해결할 줄 아는" 능력을 과학적 소양으로 정의하고 과학 교육의 목적으로 제시하고 강조해 왔지요. 하지만 실상은 어떤가요? 그리 큰 성과를 거두었다고 하기는 힘들 것 같습니다.

과학을 가르치고 배우는 방법에 문제가 있는 듯합니다. 우리 공교육이 전반적으로 그렇듯이 과학 교육도 대학 입시 성적이라는 한 가지 지표에 휘둘려 원래의 목적과 성격이 왜곡되어 버렸지요. 과학이 내놓은 결과만, 과학자들의 고뇌와 방황은 모두 휘발되어 버린 수식이나 방정식만 외우라 하고, 과학사적, 지성사적 맥락을 학습하기보다는 개별적이고 디테일한 문제를 푸는 것에만 경도된 것이 현실입니다. 게다가 학생들이 물, 화, 생, 지라는 과학 과목을 선택하는 과정에서도 학생 자신의 흥미와 호기심이 아니라 입시 전략이 주도권을 행사합니다. 대입 변별력이라는 꼬리가 과학 교육의 몸통을 흔드는 셈이지요.

"자연 현상을 탐구하여 과학의 기본 개념을 이해"하고, "자연 현상을 과학적으로 탐구하는 능력을 기"르고, "자연 현상에 대한 흥미와 호기심을 갖고, 문제를 과학적으로 해결하려는 태도를 기"르며, "과학, 기술, 사회의 관계를 인식한다."라는 교육계의 과학적 소양 개념은 저와 장 선생님이 이제까지 이야기해 온 과학 정신이나 과학적 태도를 합친 말 정도로 이해하면 좋을 듯합니다. 그러나 우리 교육과 입시 제도는 과학이 발견한 사실과 지식을 학생들이 얼마나 많이 외우고 있는지에 관심을 가질 뿐입니다.

그러다 보니 학생들은 습득한 과학적 연구 결과들을 바탕으로 자신을 둘러싼 세계를 스스로 바라보고 해석하는 능력이나, 역사적, 사회적, 문화적, 나아가 거대사(big history)적 관점에서 현대 과학의 원리와 흐름을 이해하는 능력이 부족한 듯합니다. 우리의 과학 교육은 과학 지식과 과학적 태도 중에서 지식에 무게를 두지만, 저라면, 지식보다는 태도에 방점을 찍고 싶습니다.

과학적 소양을 기르려면 과학 지식을 많이 알아야 한다고 생각하는 것은 오해일 수 있습니다. 엄청나게 쏟아지는 과학 지식들을 놓치지 않고 따라잡기란 사실상 불가능하지요. (물리학과 수학 분야의 출판 전 논문을 온라인으로 제출받는 사이트로 arxiv.org라는 데가 있는데, 2023년 10월 한 달 동안에만 무려 2만 편의 출판 전 논문이 제출되었습니다.) 우리가 할 수 있는 것은 기본적으로 중요한 과학 지식들을 바탕으로 과학적 태도를 가지는 것입니다. 자신의 지식과 본능의 한계를 인정하되, 호기심을 가지고 새로운 사실들을 알고자 하는 것, 그리고 새로운 사실을 알게 되면 기존 지식을 수정해 가는 것이지요. 책읽기와 비슷하지요. 그래서 저는 scientific literacy의 번역어인 '과학적 소양'을 '과학 문해력'으로 바꾸면 어떨까 생각하곤 합니다. 우리가 학생들에게 과학을 가르치는 이유는 세상을 제대로 읽어 낼 능력을 주기 위해서니까요.

그렇지만 교육 과정의 문장 한두 줄을 바꾼다고 상황이 바뀌지는 않겠지요. 과학 교육이 구조적으로 바뀌어야 합니다. 우리 사회의 전반적인 수준도 올라가야겠지요. 과학 교육을 둘러싼 구성원들의 합의도 필요합니다. 무엇보다, 제도 개선이 같이 가야만 합니다. 하지만 대학 입시라는 큰 벽 앞에서 구조적인 개혁은 늘 힘을 발휘하지 못하는 게 현실입니다. 그러나 구조적인 문제를 해결하기 위한 개인들의 역할이 분명히 있을 것입니다. 일단은 개별적인 노력을 하면서, 구조적인 개혁을 위해 목소리를 낼 수 있는 기회를 마련하는 것이 중요합니다.

여기서는 그 개별적인 노력의 일환을 하나 소개해 보겠습니다 일상 생활 속에서 과학적 태도를 기르고 실천하는 이야기이지요. 『코스모스』를 쓴 칼 세이건이 딸 사샤 세이건(Sasha Sagan, 1982년~)과 죽음에 대해서 나눈 유명한 대화가 있습니다. 사샤가 한 잡지에 「나의 아버지, 칼 세이건에게 배운 불멸과 필멸에 관한 교훈(Lessons of Immortality and Mortality From My Father, Carl Sagan)」이라는 제목으로 게재한 에세이를 통해 알려진 내용이지요.[1]

어린 딸이 죽은 조부모님을 다시 만날 수 있는지 묻자, 칼 세이건은 이렇게 단언합니다. "내가 어머니와 아버지를 다시 만나는 것보다 더 바라는 것은 없단다. 하지만, 내세라는 개념을 뒷받침하는 이유도, 증거도 없기 때문에 그것을 믿고 싶다는 유혹에 굴복할 수는 없구나." (죽으면 하늘나라에서 다시 만날 수 있다고 했던 저의 어머니의 대답과는 전혀 다른 내용입니다.) 그리고 "진실이기를 원한다고 해서 그것을 믿는 것은 위험하단다."라고 덧붙입니다. 이어서 "자신과 다른 사람들, 특히 권위 있는 위치에 있는 사람들에게 의문을 제기하지 않으면 속아 넘어갈 수도 있어."라고도 했지요. 여기에는 죽음과 사후 세계에 대한 과학적 사실과 이 사실을 다루는 과학적 태도가 함께 녹아 있습니다.

어떤 사람은 이 지점에서 칼 세이건이 인간적이지 못하다고 말할

지도 모르겠습니다. 여기서 '인간적'이라는 것에 대해 이야기해 보고 싶네요. 인간적이라는 것이 무엇일까요? 보통 인간적이라는 말은 따뜻한 정서, 이해와 배려, 용서와 화해 등의 상황에서 사용됩니다. 하지만 부정적으로, 특히 인간의 본성이 원래 그러니 어쩔 수 없다는 의미로 사용되기도 합니다. 예를 들어서, 남의 빚의 보증을 섰다가 망한 친구를 보면서 너무 인간적이어서 그렇게 됐다고 이야기하곤 합니다. 세상의 진실을 모르던 시절에 만들어진 관습적인 사고와 표현을 답습하면서 살아가는 사람을 인간적이라고 평가하는 경향도 있습니다. 저는 '인간적'에 대한 이러한 관습적인 정의를 바꾸는 것이 필요하다고 주장합니다. 우리 인간은 현재 수렵과 채집을 하던 시절에 살고 있는 것이 아니라, 우주 속 자신의 위치를 파악할 수 있는 시대에 살고 있으니까요. 그러므로 현대 과학이 밝혀낸 인간의 본성에 대한 이해를 바탕으로 그 한계와 모순을 인식하면서 새롭게 관계를 정립하는 사람이 현대적 의미에서 인간적인 것이 아닐까요? 과거에 하던 모순된 관습에 따른 행동을 하는 것을 인간적이라고 부르는 것은 너무 시시하지 않나요? 인간적이라는 말의 의미가 유한함을 인식하는 과학적 태도를 견지하는 것으로 바뀐다면, 인간적인 사람들이 모여 만드는 이 세상이 좀 더 평화롭게 공존할 수 있는 세상이 되지 않을까요?

칼 세이건은 딸에게 단지 과학적 사실과 과학적 태도만을 말해주는 데 그치지 않았습니다. 죽은 사람들은 결코 현재의 의식을 갖고 다시 만날 수 없지만, 그들을 그리워할 수 있고 기억할 수 있다고 말합니다. 지금 살아 있다는 사실이 얼마나 놀라운지, 그리고 서로 만나고 있는 바로 이 순간이 얼마나 소중한지도 이야기합니다. 휴머니즘이 넘쳐 흐릅니다. 인간미가 넘쳐 흐릅니다. 인간적이지 않나요? 과학적 사실을 이야기한다는 것과 인간적이라는 것은 모순된 것이 아니라 과학적 태도를 매개로 상보적인 관계가 됩니다.

칼 세이건은 딸에게 과학적 사실을 말했을 뿐 아니라 그 의미와 맥락을 이야기하고 세상을 바라보는 관점과 삶의 방향에 대한 인사이트까지 주었습니다. 이것이 바로 과학적 태도가 발현되어 실천과 행동으로 이어지는 전형적인 모습입니다. 저는 이런 모습을 보면서 인간미를 느낍니다. 이것이야말로 인간적인 것이라고 생각합니다.

재미, 성취, 노력의 선순환 궤도에 올라타라

어떤 일을 잘하는 사람들은 그 일이 재미있어서 하다 보니 잘하게 되었다는 말을 하곤 합니다. 잘하니까 칭찬을 받고 성취감을 느끼니 더 잘하게 되었겠지요. 원래부터 그 일에 소질이 있는 사람이었을 가능성도 큽니다. 그러나 소질이 없었던 사람이라 하더라도 계속 시도하고 노력하면서 조금씩 그 일에 적응하다 보면 어느 순간 재미와 뿌듯함을 느끼게 되고 원했던 결과를 성취할 수 있게 됩니다. '재미-성취-노력의 선순환' 궤도에 올라타는 것이지요.

과학적 소양, 과학적 태도, 그리고 과학 문해력을 갖추는 것과 살아가면서 실천하고 행동하는 것도 마찬가지라고 생각합니다. 날때부터 과학적 소양이 남다른 사람도 있겠지요. 숫자나 도형 같은 추상 개념을 다루는 능력을 타고 날 수도 있고, 과학 지식과 문화를 친밀하게 접하는 가정에서 나고 자란 사람도 있을 것입니다. 하지만 과학이 재미있어서, 혹은 어떤 계기(예를 들어, 과학자의 강의나 책을 접해서)로 과학 지식을 쌓다 보니 자연스레 과학적 태도를 체득하고 과학 문해력을 기른 경우도 있을 것입니다.

칼 세이건은 과학적 소양이 남달랐을 뿐만 아니라 그것을 평생에 걸쳐서 단련하고 실천한 사람입니다. 그는 부유한 집안에서 태어나지도 못했고 그의 부모 역시 평범한 노동자와 전업 주부였지만 자식에게 과학적 태도를 심어 주기 위해 많은 노력을 했습니다. 1, 10, 100, 1,000 하는 자릿수 개념을 가르쳐 주기 위해 퇴근 직후의 피곤함을 잊고 아들과 함께 숫자 카드를 몇백 개씩 만들던 아버지의 이야기나, 어려운 살림에 아끼고 아껴서 모은 돈을 가지고 1939년 뉴욕 세계 박람회에 아들과 함께 찾아간 어머니 이야기를 칼 세이건의 책 곳곳에서 만날 수 있습니다.[2] 아들을 재미-성취-노력의 선순환 궤도에 태우기 위한 그들의 노력은 우리가 아는 칼 세이건으로 결실을 맺었습니다. 그리고 칼 세이건의 과학적 태도를 유산으로 물려받은 딸 사샤는 과학을 전공하지는 않았지만 과학적 태도가 충만한 작가가 되었습니다. 그녀는 현상을 정밀하고 비판적으로 보면서도 세상과 인간사를 따스한 시선으로 들여다본 훌륭한 책을 썼지요.[3]

과학적 태도를 갖추기 위해서는 앞서 언급한 재미-성취-노력의 선순환 궤도에 올라타는 것이 중요합니다. 그 방법과 경로는 다양합니다. 그렇지만 우선, 별먼지와 잔가지 개념을 이해하는 것이 첫걸음이라고 할 수 있습니다. 인간이 별먼지와 잔가지임을 깨닫고, 그 깨달음에 뒤따르는 다양한 감정들(경이로움과 허무함, 아련함과 연민 등)을 추스르면서 인간과 이 세계에 대해 성찰하는 게 과학적 태도를 기르는 시작점입니다.

칼 세이건과 딸이 나눈 대화를 모방하는 것도 좋은 방법입니다. 흔해 빠진 관습적인 대화만 하지 말고 보다 깊이 있고 지적인 대화를 하다 보면 과학적 태도의 근력이 쌓일 것입니다. 예를 들어, 날씨나 음식에 대해 이야기를 나눈다고 생각해 보겠습니다. "요즘 날씨 참 덥네.", "요즘 탕후루가 유행이더라."와 같은 얄팍한 이야기만 하지 말고, 기후 변화의 원인에 대한 과학적인 지식을 공유하고 탄소 중립에 대한 의견을 주고받는다든지, 음식이나 섭식 습관이 건강에 미치는 영향에 대한 경험과 지식을 공유하는 대화를 나눌 수 있습니다. 이런 깊이 있는 대화를 나누다 보면, 그 대화에서 나눴던 내용을 다루는 글이나 영상에 자연스레 관심이 생겨 좀 더 깊이 있게 공부하게 될지도 모릅니다. 이런 나날이 하루하루 쌓이다 보면 과학적 태도도 그만큼 체화되겠지요.

제 아들과 딸도 저에게 죽음에 대해 물은 적이 있습니다. 누구 자식 아니랄까 봐, 제가 초등학교 2학년 때 던진 질문을 아들이나 딸이나 비슷한 나이가 되면 던지더군요. (요즘도 가끔 그 주제를 조금씩 변주해 가면서 이야기 나누곤 합니다.) 자신은 죽기 싫으니 아빠가 살려 달라고 하더군요. 저는 아이에게 칼 세이건이 했던 것과 비슷하게 과학적 사실을 들려주었습니다. 그리고 이 순간 우리가 점유하고 있는 시공간의 유한함에 대해 들려주었습니다. 아빠가 죽음을 막을 수는 없다고 분명하게 말했습니다. 대신 우리 가족이 함께 잘사는 방법에 대해서는 말할 수 있고 노력할 수도 있다고 이야기했지요. 지킬 수 있는 약속도 하고 서로에게 기대하는 바도 이야기했습니다.

저는 아이들과 좋은 관계를 유지하고 있고, 아이들도 저를 친근하게 여긴다고 생각합니다. 특히 지금 같이 사는 딸과는 더욱 그렇지요. 저는 딸이 어렸을 때 잠자리에 들 때마다 과학 이야기를 들려주었는데, 딸에게는 그것이 별먼지와 잔가지를 주인공으로 한 연속극이었을 것입니다. 그 이야기들로 훈련이 된 덕분인지 성인이 된 딸과 저의 대화는 늘 과학적 사실을 기반으로 합니다. 서로의 감정을 이야기할 때도 솔직하게 마음을 드러내고 이야기합니다. 자신의 감정을 이성적으로 분석하고 설명하는 한편, 상대방의 감정을 인정하고 이해하려고 서로 노력합니다.

제가 딸을 대하는 기본적인 태도는 또 다른 별먼지와 잔가지로서 존중하는 것입니다. 저에게 있어 딸은, 독립을 준비하는 동료 별먼지이자 잔가지입니다. 저는 개체로서 딸을 소중하게 여깁니다. 혈연 관계이니 다른 사람을 대할 때와는 다른 독특함이 당연히 있습니다. (저희는 그 독특함에 대해서조차 진화 개념에 근거한 설명을 주고받습니다.) 딸은 제 소유물이 아니라 독립적인 성인이 되는 과정에 있는 특별한 존재입니다. 아버지인 제게 있어 딸이라는 존재는 별먼지와 잔가지에게 주어진 특별한 덤이라고 할 수 있지요. 딸을 대하는 저의 과학적인 태도가 이렇습니다.

저희는 관계의 유한성을 서로 인정합니다. 관계의 유한성이란, 모든 인간 관계가 한정된 시간과 공간에서 이루어지며 영원하지 않음을 의미하지요. 따라서 관계의 유한성을 서로 인정한다는 것은 우리가 관계를 맺고 유지하는 동안 변화와 성장을 겪으며, 때로는 관계가 멀어지거나 끊어질 수도 있음을 받아들인다는 뜻입니다. 이런 태도를 가지고 있으면 간섭을 하거나 잔소리를 하지 않게 됩니다. 그때그때 판단을 하는 것이 아니라 일정한 시간 범위 내에서 종합적으로 판단하고 의견을 제시하게 됩니다.

딸 입장에서는 그때그때 하는 간섭과 잔소리가 없으니 감정이 상할 일이 거의 없습니다. 제 입장에서는 딸이 스스로 선택하고 결정하는 훈련을 하게 되니 좋습니다. 저는 딸이 물어보기 전까지는 답을 하지 않습니다. 하지만 질문이 오면 충실하게 답을 합니다. 관계를 이성적으로 유지하려고 노력합니다. 그러다 보니 오히려 감정적인 연결이 더 깊어졌습니다. 기본적인 신뢰와 존중이 쌓여 있기 때문에 감정의 교류도 원활합니다. 같이 여행도 자주 다니고 미술관에도 자주 갑니다. 제가 딸을 상대로 견지한 과학적 태도는 상호 관계의 유한성을 인식하고 별먼지와 잔가지로서의 동료 의식을 가지는 것으로부터 시작했습니다. 그런 태도를 가지니 자연스럽게 독립된 인격을 가진 한 인간으로서 딸을 마주하게 되었습니다. 이 과정에서 딸뿐만 아니라 저의 과학적 태도 또한 더욱 탄탄해졌습니다. 저 역시 선순환의 궤도에 올라탄 것이지요.

근거 없는 관습과 이별하기

좀 우스꽝스러운 이야기일지 모르겠지만, 저는 어릴 때부터 다소 삐딱한 행동을 많이 했습니다. 일종의 의심과 반항으로 시작한 것인데, 돌이켜 보면 그런 행동들이 과학적 태도를 기르는 선순환의 궤도에 올라타는 데 도움이 된 것 같습니다.

예를 들면 이런 것들입니다. 밥상에 앉을 때 모서리에 앉으면 복(福)이 나간다는 옛말이 있습니다. 그럴 리가 있겠습니까? 모서리에 찔려서 다칠 가능성이 있으니 앉지 말라고 했다면, 저는 그 말을 따랐을 것입니다. 하지만 복이 나간다는 말에는 도저히 동의할 수가 없더군요. 저는 그 말을 들은 후 한동안 일부러 모서리에만 앉아서 밥을 먹었습니다. 물론 아무 일도 일어나지 않았습니다. 빨간색으로 이름을 쓰면 죽는다며 그렇게 하지 말라는 이야기를 들은 적도 있지요. 저는 일부러 빨간색으로 이름을 쓰고 다녔습니다. 아직 잘 살고 있습니다. 물론 언젠가는 죽겠지요. 하지만 이름을 빨간색으로 썼기 때문은 아닐 것입니다.

아마 이 이야기에 웃는 분들도 있겠지요. 그런데 가만히 생각해 봅시다. 생각보다 많은 사람이, 이런 행위가 당연히 결과로 이어지지 않는다는 것을 알면서도 자신은 구태여 그런 금기를 범하지 않으려고 합니다. 오래된 관습에 대한 집착 때문에, 혹은 실제로 느껴지는 약간의 두려움 때문에 그대로 답습하는 것이지요. 그것을 그냥 떨쳐 버리자는 게 제 제안입니다. 과학적 태도를 기르는 선순환의 궤도에 올라타는 습관을 기르는 일상의 작은 팁입니다. 징크스라는 것이 있습니다. 절박함과 간절함에서 나오는 것이겠지요. 이런 오래되었지만 무의미한 일상의 관습과 냉정하게 이별하는 것도 일상에서 과학적 태도의 근력을 자신도 모르는 사이에 기르는 과정이 될 것입니다.

과학적 태도를 기르는 것은 결국 작은 것들을 바꾸는 것에서 시작합니다. 일상에서도 과학적 사실들을 주제로 대화를 나눠 보세요. 미신을 무조건적으로 따르기보다는, 의심하고 탐구하는 마음을 가지고 접근해 보세요. 이러한 작은 변화들이 모여 생각을 과학적으로 바꿀 것이고 점차 그렇게 생각하고 행동하는 것이 자연스러워질 것입니다. 과학적 태도를 기르는 것은 결국 꾸준한 노력과 생각보다 오랜 시간이 필요한 과정이지만, 그 결과로 얻은 객관적이고 합리적인 생각과 판단은 삶의 질 향상과 세상에 대한 풍부한 인식이라는 선물로 돌아올 것입니다.

또 한 가지! 쉽게 할 수 있는 개별적인 노력 중 하나로 과학책방 갈다에서 하는 행사에 관심을 가지는 것을 적극 추천합니다.

다섯 번째 시간

인생의 목적

"과학하면 행복해지나?"

자, 이제 과학적 소양을 갖추는 방법까지 살펴봤습니다. 그런데 정말로 과학적 태도를 길러 과학적 정신을 가지고 살면 인생이 더 아름다워질까요? 더 행복해질까요?

　고양이를 처음으로 입양해 키우게 되었다고 해 봅시다. 불결하게도 고양이가 자꾸만 변기에 든 물을 마시려고 하는 것입니다. 그래서 사용하지 않을 때에는 늘 변기 뚜껑이 닫혀 있도록 신경을 썼지요. 그랬더니 이번엔 타고난 점프력을 발휘해 부엌 싱크대에 모아 둔 물을 마시네요. 이 상황에서 직관적으로 문제를 해결하는(해결할 것처럼 보이는) 방법은 고양이한테 더러운 물을 마시지 말라고 소리를 치며 위협하는 것입니다. (사실 안타깝게도 이 상황은 실화입니다.) 과학적 태도로 문제를 해결하는 방법은 우선 고양이가 이러한 행동을 보이는 이유가 고양이의 어떤 습성 때문인지 찾아보고 공부하는 것이지요. (고양이는 차갑고 신선한 물을 좋아한다고 합니다. 변기물이 시원한 데다가 변기물을 내리면 물이 흐르는 소리도 나고 물이 교체되기 때문에 작은 그릇에 떠놓은 물보다 변기물을 선호한다고 하네요.) 그 공부한 내용을 바탕으로 해결책을 모색하면 됩니다. (고양이용 자동 급수기를 구매하는 것이 좋은 방법이 될 수 있겠습니다.)

　이러한 사소한 일에서부터 과학적 태도를 바탕으로 문제를 해결한다면 삶을 보다 현명하게 살 수 있지 않을까요? 더 현명하게 살 수 있다면 삶이 더 행복해지지 않을까요? 이번 시간에는 두 선생님들께서 과학과 행복에 대해 말씀해 주시겠다고 합니다. 과학에서 말하는 행복이라는 것이 무엇인지, 과학적 태도를 가지고 살면 더 행복하게 살 수 있는지 말이지요. 이번 강의가 여러분이 행복하고 건강하게 살아가는 데에 도움이 되길 바랍니다.

행복 엔지니어링

이명현

"과학하면 행복해지나?"라고 묻는다면 "저는 행복해집니다."라고 답하겠습니다. 그리고 다른 사람들도 행복하면 좋겠습니다. 하지만 행복 그 자체가 삶의 궁극적인 목적이나 절대적인 목표 자체는 아니라고 생각합니다. 그래도 행복한 상태를 유지하면서 살아 가는 것은 삶의 중요한 목표가 될 수 있을 것 같습니다. '행복'이라는 단어가 너무 상투적이고 거슬린다면 '행복이라고 흔히 부르는 상태' 정도로 생각해도 좋겠습니다. 이번에는 제가 이 행복 문제를 어떻게 다루는지 이야기해 보겠습니다.

행복을 엔지니어링한다면

행복한 삶을 살려면, 행복하다고 느끼는 상태를 자주 만들면 된다고 생각합니다. 소소하더라도 순간순간 즐겁고 만족스러운 상태를 자주 느끼면 됩니다. 이런 행복감이 꾸준히 안정적으로 유지되면 행복한 삶이 됩니다. 그런데 행복감을 느끼기 위해서는 우선, 자기 스스로에 대해 잘 알아야 합니다. 자신이 언제 행복감을 느끼는지 실험과 관찰을 해 봐야 합니다. 행복은 주관적이니까요.

저의 경우에는 딸과 소소하게 대화를 나누는 시간이 무척 즐겁고 행복합니다. 같이 산책하면서 시시껄렁한 이야기도 하고, 과학 이야기도 많이 나눕니다. 딸이 물리학과 수학을 전공하고 있어 말이 잘 통하지요. 즐겁기 그지없습니다. 소소한 행복감을 느끼지요. 여행도 자주 같이 가는데, 때로는 각자 하고 싶은 것을 하고, 때로는 함께 시간을 보냅니다. 늘 즐거운 여행이 되지요. 이것이 제가 개발한 저의 행복 유지법 중 하나입니다.

그렇지만 저의 이러한 행복관을 너무 소소하다고 나무랄 분도 있을 것 같습니다. 사람들은 행복을 흔히 인간이 획득해야 할 최고의 가치로 치기도 합니다. 그래서인가요? 어느 순간부터인가 사람들이 행복해야 한다는 강박에 시달리는 것처럼 보이기도 합니다. 물론, 저 역시 행복하면 좋겠다고 생각하는 사람입니다. 하지만 행복이 마치 인간이 추구하고 찾아야만 하는 일종의 성배(聖杯)가 된 것은 아닌가 하는 의심을 합니다. 행복이라는 이데아를 설정하고 그것을 얻기 위해서 불행을 감내하자고 하는 사람도 종종 목격합니다. 과한 일이라고 생각합니다. 저는 행복이나 행복을 느끼는 감정이 인간의 다른 마음 기제들과 마찬가지로 진화의 산물이라는 것을 받아들이는 입장입니다.

진화의 산물로서 인간의 본능들은 많습니다. 특히 폭력성은 한때 생존과 번식을 위한 강력한 적응이었을 것입니다. 지금은 특수한 상황을 제외하고는 대체로 필요하지 않고 오히려 억제해야 할 본능으로 남아 있지요. 행복이나 행복을 느낄 줄 아는 능력은 폭력성과 마찬가지로 진화의 도구이자 산물이겠지만, 폭력성과 달리 잘 간직되고 널리 발휘되었으면 하는 바람직한 적응에 속할 것입니다. 아무튼, 행복은 인간이 손에 넣을 수 없는 신비한 무언가가 아니라 물리적, 생물학적 기원을 가진 자연 현상입니다. 이렇게 행복의 진화 심리학적 기원에 대한 이해를 가지게 된다면, 전자기 원리를 이해한 공학자들이 모터와 트랜지스터를 만들어 낸 것처럼 행복을 '엔지니어링 (engineering)'하는 일도 가능하지 않을까 합니다.

저는 엔지니어링이라는 단어를 제 삶의 방식을 남에게 설명할 때 가끔 사용합니다. 행복을 엔지니어링하자고 말할 때의 뜻은, 행복의 형이상학적이고 궁극적인 정의나 원리를 따지는 일은 일단 미뤄 두고 지금 당장 우리 삶 속에 행복을 현실적으로 구현시켜 주는 방법이나 도구를 찾아보자는 것입니다.

물론, 어떤 개념의 정의나 그 원리를 탐구하는 일은 중요합니다. 저도 과학자로 훈련받았기 때문에 그 누구보다도 개념 정의나 원리에 대한 탐구에 관심이 많습니다. 저는 관념적이고 사변적인 상상과 탐구도 좋아하고 즐기곤 합니다. 그렇지만 열역학 원리가 모두 밝혀지지 않았을 때도 탄광 기사들은 증기 기관을 만들어 탄광의 물을 펐고, 양력과 유체 역학의 원리가 미완성이었을 때도 자전거 공방의 기술자들은 비행기를 만들어 하늘을 날았습니다. 이처럼 과학자들의 시간과 기술자들의 시간은 정확하고 정밀하게 일치하지 않습니다.

행복도 이처럼 공학적으로 다룰 수 있습니다. 우리는 지금 당장, 현실을 살아내야 합니다. 행복에 대한 탐구가 아직 끝나지 않았고 그 정의와 원리도 탐색 중이지만, 우리가 살면서 맛본 몇몇 행복의 단초들을 이어서 지금 당장의 삶에 적용하자는 것이지요. 행복한 상태를 만들고 구현해서 누릴 뿐만 아니라 유지하는 법을 익히자는 말씀입니다. 행복을 정확하게 모른다 하더라도 말이지요. 제가 말씀드린 "행복을 엔지니어링하자."라는 말의 뜻은 바로 이것입니다. 이렇게도 말할 수 있겠지요. "일단 행복을 만들어서 쓰자."라고요.

행복 엔지니어링의 도구 상자

제가 생각하는 행복이 엔지니어링된 상태, 그러니까 행복한 상태는 감정에 휩쓸려서 본질을 그르치지 않고 합리적으로 행동을 하면서 즐거운 일상이 짧은 시간이더라도 자주 반복되게 하고 이러한 감정 상태가 소소하지만 습관화된 상태를 말합니다. 저는 행복은 빈도수에 있다고 생각합니다. 질보다 양이라고 할까요?

일단 저의 행복 엔지니어링을 위한 도구들을 소개해 볼까 합니다. 초등학교 2, 3학년 때의 일입니다. 제가 살던 집 옆에 짓다 만 집이 하나 있었습니다. 동네 아이들의 놀이터였지요. 어느 날 친구들과 그 집에서 놀고 있었습니다. 그 집 2층에서 잘 놀다가 베니어 합판으로 만들어 놓은 천장을 밟는 바람에 저는 그대로 1층 방바닥으로 떨어졌습니다. 제 기억에 무릎이 먼저 땅에 부딪치고 이어서 머리를 찧었습니다. 놀란 친구들은 모두 도망을 가 버렸고 기절을 한 저는 한참 동안 혼자 바닥에 누워 있었습니다. 정신을 차리고 기어기어 집으로 돌아왔습니다. 다행히 뇌를 다치지는 않았지만 오랫동안 학교에 가지 못하고 병원 신세를 져야만 했습니다. 기억이 잘 나지는 않지만 들고 있던 망치를 한참 동안 놓지 않았다고 합니다.

몸이 좀 나아져서 학교에 다시 가게 되었습니다. 그런데 문제가 있었습니다. 한참을 학교에 가지 못해서 수업 시간에 선생님이 하시는 말씀을 알아듣기가 힘들었습니다. 필기라도 열심히 해야 할 텐데 그럴 힘이 아직은 없었습니다. 어쩔 수 없이 그냥 앉아서 필기도 하지 않은 채 선생님이 하시는 말씀을 집중할 수 있는 한 집중해서 듣기만 했습니다. 시험 때가 다가왔습니다. 아직 몸 상태가 정상이 아니어서 따로 시험 공부를 할 수 있는 상황도 아니었습니다. 그냥 시험을 치를 수밖에 없었지요. 그런데 결과가 예상외로 좋았습니다. 수업 시간에 한눈을 팔지 않고 집중해서 듣기만 했는데도 말입니다.

이 사건이 계기가 돼서 저는 수업 시간에 필기를 하는 시간도 아껴 가면서 수업에 집중하기 시작했습니다. 우연한 기회에 '경청'하는 것의 중요성과 실질적인 효과를 경험한 것은 행운이었습니다. 경청에 대한 진지한 탐구 이전에 경청의 방법을 습득하고 실천한 셈입니다. 다른 사람의 말을 경청하는 것이 습관이 되었습니다. 이 경청의 습관이 바로 제 행복 엔지니어링의 첫 번째 도구가 되었습니다.

다른 사람과의 관계에서 의논을 하거나 조정할 필요가 있을 때 저는 우선 상대방의 말을 경청합니다. 다른 사람을 만나서 이야기를 들을 때는 상대방의 말을 거의 무조건 있는 그대로 듣습니다. 경청 자체가 쉬운 일이 아니지만 어린 시절부터의 습관이 큰 도움이 되었습니다. 제 경청의 핵심은 상대방이 하는 말이 거슬리거나 맘에 들지 않는 경우에도 우선은 판단을 유보하고 전적으로 집중하는 것입니다. 상대방의 말을 의심하지 않고 경청을 하면 여러 가지 이점이 있습니다. 상대방이 말하고자 하는 바를 놓치지 않고 파악할 수 있습니다. 편견과 감정이 개입되거나 상대방에 대해서 미리 판단을 내린 상태로 이야기를 들으면 잘해야 듣고 싶은 것만 들을 뿐입니다. 상대방의 말을 제대로 듣지 않고 놓치면 결국 자신의 손해입니다. 알면서도 감정을 제어하지 못하는 경우도 많습니다. 주어진 시간 동안 가능한

벌먼지와 잔가지의 과학 인생 학교

한 감정을 개입시키지 말고 경청을 하면 상대방으로부터 정보를 최대한 얻을 수 있습니다. 즉각적인 동의나 부정을 하지 않고 유보하는 것도 중요합니다.

이렇게 경청이 끝나면 행복 엔지니어링의 두 번째 도구를 꺼냅니다. 이야기를 충분히 듣고 난 후 약간의 시간을 흘려 보낸 뒤 본격적인 의심을 시작하는 것입니다. 그때부터는 회의주의자로서의 이명현의 시간이 시작됩니다. 이번에는 상대방에게 들은 이야기와 그가 던진 제안을 하나하나 의심해 봅니다. 이 과정에서 제3자에게 탐문도 하고 조사도 하고 팩트 체크도 합니다. 여기서 핵심 도구는 '시간 벌기'입니다.

그리고 세 번째 도구를 만지작거립니다. 경청을 통해 얻은 것과 의심을 통해 얻은 것을 비교하며 차분하게 생각을 정리하는 것입니다. '객관화' 작업이라고 할 수 있을 것입니다. 경청을 통해서 정보를 날것으로 파악하고 의심의 과정을 거치면서 판단을 위한 시간을 벌고 정보를 객관화한 다음에야 판단을 하는 것이지요. 이런 과정을 거친 후 저 자신의 의견을 정리합니다. 이 단계에서 제가 그 일이나 문제에 참여하거나 개입할 것인지를 결정합니다. 참여하거나 개입한다면 어느 정도 할지도 정합니다. 보통 숫자로, 그러니까 얼마나 많은 시간과 자원을 그 문제에 투입할지를 결정합니다.

이 과정에서 오해가 생기기도 합니다. 자기 이야기를 경청한 게 동의의 표시라고 오해하는 사람들도 있습니다. 이야기를 나눌 때는 동의했다가 왜 말을 바꾸냐고 항의하거나 질책하는 경우도 있습니다. 물론, 그런 결정의 이유를 자세하게 설명하지만 관계가 소원해지는 경우도 있습니다. 이 정도는 감수하고 넘어가야 할 사항이라고 생각합니다. 무엇보다 충분히 검토한 후 누가 봐도 문제가 (크게) 없는 결정을 하는 것이 중요하다고 생각합니다. 그래야 관계가 오래 지속될 수 있습니다.

사실 저는 자신과의 관계에서도 이 방법을 적용하고 있습니다. 어떤 생각이 떠올랐을 때 제약을 두지 않고 그 생각을 끝까지 펼쳐 봅니다. 제 이야기를 무조건 믿고 경청하는 것이지요. 그런 후 시간이 좀 지난 후 제가 한 생각을 시험대에 올려놓고 의심과 반추의 대상으로 삼습니다. 이 과정에서 아이디어 대부분은 공상의 추억으로 돌아갑니다. 경청과 판단 유보를 통해서 정보의 취득을 극대화하고, 시간을 벌어 의심과 반추를 함으로써 섣부른 결정을 막고, 숫자를 구체적으로 따짐으로써 객관적 판단을 하려고 노력하는 것이지요. 그래도 가끔은 좋은 아이디어로 판단해 실행에 옮기기도 합니다.

방금 말씀드린 행복 엔지니어링의 도구들은 행복과 관련이 없는 것처럼 보일 수도 있습니다. 그렇지만 이런 태도를 견지하고 실천하면 타인과는 물론이고 자신과의 관계에서도 균형 잡힌 거리를 유지하는 데 도움이 됩니다. 자연스럽게 정서적 여력도 생깁니다. 정서적 여력은 일상의 안정으로 이어지고 행복한 상태의 빈도를 높이는 데 도움이 됩니다. 실제 사례를 한번 들어 볼까요?

행복 엔지니어링의 실례들

글을 쓰고 방송을 하다 보니 이런저런 제안을 많이 받습니다. 한번은 패션쇼에 모델로 참여해 달라는 제안을 받았습니다. 파격을 시도하려고 직업 모델이 아닌 사람을 찾다가 제가 눈에 띈 모양입니다. 담당 피디와 만나서 이야기를 듣는 내내 '경청'을 했습니다. 제가 무대에 서서 워킹을 하는 상상까지 하면서 이야기를 들었습니다. 모델료도 상당했고 준비하는 패션쇼 컨셉트에 제가 잘 어울리는 것도 같았습니다. 계약서에 서명을 하지는 않았지만, 좋은 분위기에서 미팅이 끝났습니다.

다음 날 그 제안에 대해서 '시간을 가지고' 곰곰이 생각해 보기 시작했습니다. 저를 필요로 하는 작업이었고 잡지의 사진 모델을 했던 경험도 있으니 못할 것도 없다는 생각이 들었습니다. 높은 모델료도 마음을 흔들었습니다. 본 행사는 이틀 정도여서 일정에도 큰 문제는 없어 보였습니다.

문제는 꼭 연습을 해야 한다는 조건이었습니다. 일주일에 한 번씩 2시간 정도 10주 동안 모델 수업을 받아야 한다는 것이었습니다. 감독이 내건 단 하나의 조건이라고 했습니다. 10주가 원칙이지만 조율해서 5, 6주 정도도 가능하다는 말도 덧붙였습니다. 행사일 전까지 제가 가용할 수 있는 시간을 계산해 보니 가능하긴 했지만 다른 일정을 대폭 조정할 필요가 있었습니다.

이 일이 재미있을 것 같다는 생각과 꽤 무리를 해야 할 수 있다는 생각이 교차했습니다. 수행 가능성을 놓고 생각을 정리하면서 상황을 '객관화'해 보니 시간이 지날수록 부정적인 쪽으로 수치가 높아졌습니다. 며칠을 고심하다가 거절하는 메일을 보냈습니다. 호기심과 새로운 일에 대한 기대와 높은 모델료 때문에 마음이 흔들린 나머지 미팅 당일 담당자가 준비해 온 계약서에 바로 서명을 했더라면 어떤 일이 일어났을까 생각해 보곤 합니다. 결과는 알 수 없지만 저의 능력을 벗어난 상황을 경험했을 테고 다소 불행한 상태가 지속되었을 것도 같습니다.

물론 이런 방법론이 늘 성공적으로 적용된 것은 아닙니다. 어쩔 수 없이 감정이 앞서거나 판단이 흐려지기도 합니다. 몇 년 전에 과학책방 갈다 이름으로 과학 서평 잡지를 만들어 보면 어떠냐는 제안이 있었습니다. 어느 정도의 지원금도 있고 해서 평소처럼 경청, 시간 벌기, 객관화라는 행복 엔지니어링의 도구들을 사용하지 못하고 바로 덜컥 하기로 결정해 버렸습니다. 지속 가능성에 대한 우려의 목소리가 컸지만 귀담아듣지 않았습니다. 과학책방 갈다를 이끄는 입장에서 과학 서평 잡지의 발간은 뜻 깊은 일이었습니다. 하지만 경제적인 문제를 극복하지 못하고 몇 호 못 내고 휴간을 했습니다. 감정이 앞서서 현실을 직시하지 못한 결과였지요.

별먼지와 잔가지의 과학 인생 학교

부부 관계도 엔지니어링한다면

살다 보면 많은 문제가 생기곤 합니다. 갑자기 일어나는 문제도 있지만 하나하나 누적된 게 한꺼번에 폭발하는 경우도 있습니다. 특히 부부 간에는 일상을 같이하기 때문에 문제가 반복, 누적되면 싸움이 커지는 경우가 많지요. 원론적으로는 근원적인 문제를 해결하면 되겠지만 현실적으로 참 어려운 일입니다. 문제의 궁극적인 뿌리를 찾는 것은 정말 힘듭니다. 마땅히 근원을 찾아서 해결하려는 노력을 해야 하지만 동시에 상황을 완화시키려는 노력도 해야 합니다. 엔지니어링에서는 이것을 '문제 해결(problem solving)' 과정이라고 합니다.

문제 해결 과정은 보통 세 가지 단계로 정의됩니다. 우선 '추상화'가 있습니다. 문제를 이해하고 분석한 다음 문제 해결에 도움이 되지 않는 불필요한 요소들은 제거해 핵심 문제만 남기거나 복잡하고 커다란 문제를 좀 더 단순하고 작은 문제들로 나누는 과정을 말합니다. 그다음이 문제 해결을 위한 효율적인 방법과 절차를 설계하는 '알고리듬 설계' 과정입니다. 그리고 마지막으로 프로그램이나 기계 장치를 만들어 같은 문제가 생길 때마다 자동적으로 해결되도록 하는 '자동화'입니다.

그렇다면 이 개념틀을 행복 엔지니어링에도 적용해 볼 수 있을까요? 저희 부부를 사례로 들어 설명을 해 보겠습니다. 아내와 저는 초등학교 동창입니다. 6학년 때 같은 반 친구였습니다. 대놓고 공표

하지는 않았지만 친구들이 인지할 정도로 티가 나는 절친이면서 커플이었습니다. 중학교 2학년 어느 날 아내가 저에게 편지로 이별을 통보하면서 헤어졌습니다. 같은 대학교에 진학한 대학교 1학년 가을에 다시 만나서 연인이 되었습니다. 한두 번의 헤어짐이 있었지만 결혼을 했고 아이들을 낳고 부부의 생활을 이어 가고 있습니다.

오랜 시간 동안 아내와 저는 거의 모든 일에 대해서 서로에게 터놓고 이야기하고 응원하는 절친이었습니다. 동시에 애인 사이였습니다. 제가 유학을 가게 되면서 자연스럽게 결혼을 하고 동행하게 되었습니다. 아이들이 태어났고 저희 부부는 여느 부부처럼 살아갔습니다. 가족 일원으로서의 의무와 책임 문제, 육아 문제 등등 우리나라의 젊은 부부 사이에서 흔히 일어나는 일들이 저희에게도 똑같이 일어났습니다. 사소한 의견 충돌은 감정 싸움으로 번지기 일쑤였습니다. 그냥 넘어갈 수 있는 일도 분한 감정이 앞서면서 꼬투리를 잡고 일이 커지곤 했습니다. 어린 시절부터 절친으로, 연인으로 살아온 저희 두 사람에게는 이런 전형적인 부부 문제가 저희 둘 사이에서도 발생한다는 것 자체가 충격이었습니다.

다툼이 일면 냉정의 시간을 갖다가 어쩔 수 없이 다시 가족의 일상으로 돌아오는 전형적인 쳇바퀴 속에 저희도 갇히게 되었습니다. 사실 다툼이 있었거나 싸웠던 날이면 당일이나 길지 않은 시간이 지난 후 저희 부부는 암묵적인 의식을 치르곤 했습니다. 섹스를 하는 것이었습니다. 일종의 화해 의식이었지요. 보노보가 섹스를 통해서 갈등을 해소하는 것과 마찬가지였습니다.

이 의식은 어느 정도 잘 기능하는 듯했지만 늘 부족함을 느꼈습니다. 이 육체적이고 감성적인 화해가 갈등을 어느 정도 완화시키는 역할을 했지만 언제부터인지 원래의 의도와는 달리 의식 자체만 남아서 관성화되어 간다고 느끼기 시작했습니다. 어느 날인가 누가 먼저라고 할 것 없이 "우리는 참 서로를 잘 알고 서로를 보듬는 절친이었는데⋯⋯."라는 말이 튀어나왔습니다. 그날 저희는 긴 시간 이야기를 나눴습니다.

그러다가 문득 자연스럽게 부부나 연인보다 절친에 더 가까운 자세와 태도로 이야기를 나누고 있는 모습을 발견했습니다. 아내의 입에서 "이렇게 서로 경청하고 이야기 나누고 응원하던 그때가 그립다."라는 말이 나왔습니다. 저는 바로 '절친 모드'를 만들자고 제안을 했습니다. 어느 상황이든 한 사람이 절친 모드를 요청하면 조건 없이 서로를 부부나 연인이 아닌 절친으로 '인위적으로' 대하자는 것이었습니다. 부부라는 역할과 연인이라는 감정적 상태에서 의도적으로 벗어나 보자는 것이었습니다.

아내는 제 제안을 받아들였습니다. (절친 모드를 거부할 수도 있었겠지만 그것은 파국 그 자체를 의미했지요.) 절친 모드로 전환을 하면 상대방의 말을 경청하는 것이 기본이 되기 때문에 일단 격앙된 감정 상태를 진정시키는 데 필요한 시간을 벌 수가 있었습니다. 감정이 앞서서 상대의 말이 제대로 들리지 않거나 들으려고 하지 않는 상태에서 벗어나는 계기가 마련된 것입니다. 오래된 친구의 마음으로 경청을 하고 숨기는 것이 거의 없는 솔직한 심정을 토로할 수 있는 무대를 의도적으로 만든 이 방법은 아주 성공적이었습니다.

절친 모드를 의식하다 보니 다툼 그 자체를 완화시키는 데도 도움이 됐습니다. 다툼이 크게 번지기 전에 절친 모드를 요청해서 이야기를 나누는 기회를 마련해 갔습니다. 절친 모드 선언은 경청과 시간 벌기의 과정을 거쳐서 상황을 객관적으로 파악하는 데 도움이 되었습니다. 어느 때부터인지 절친 모드를 따로 요청하지 않더라도 자연스럽게 그런 과정을 진행하고 있는 저희를 발견하기도 했습니다. 갈등이 생기면 자동으로 절친 모드가 작동하기 시작한 것입니다.

앞에서 이야기한 공학적 문제 해결 과정에 빗대자면, 저희 부부의 절친 모드는 문제의 추상화와 알고리듬화, 그리고 자동화를 모색한 것이겠지요. 공학에서 문제 해결 과정이나 방법은 하나가 아닐 것입니다. 문제를 단지 연역적으로 푸는 것이 아니라 다소 임기응변적으로 주어진 자원과 능력 범위 안에서 푸는 것이 엔지니어링일 테니까요. 생명의 다양성이나 현대적인 발명품의 다양성도 엔지니어링의 이런 속성으로부터 비롯되었을 것입니다.

일상의 평온을 위한 저의 행복 엔지니어링 방법을 소개했는데요, 사람마다 그 방식은 다르겠지만 각자의 방법론을 발견(또는 개발)했으면 좋겠습니다. 저는 행복을 질보다 양이라고 했지만 우리가 행복해지는 방법은 별처럼 많고 커다란 나무에 달린 가지들처럼 풍성할 테니까요.

다만, 제 이야기에서는 행복 엔지니어링 도구 상자에 담긴 도구들인 경청과 시간 벌기, 객관화, 그리고 플러스 알파로 절차화의 가치를 기억해 주시면 좋겠습니다.

행복도 과학인가?

장대익

우선 행복이 과학적으로 탐구 가능한가부터 생각해 봅시다. 행복, 의미, 가치 같은 인문학적 단어들은 흔히 과학과는 상관없는, 심지어 과학과 반대 방향에 있는 단어들이라 간주되지요. 하지만 전혀 그렇지 않습니다. 행복에 대한 최근의 새로운 연구들은 모조리 과학에서 나왔습니다.

행복이라는 주제는 그동안 주로 철학(윤리학)에서 다뤄져 왔습니다. 아리스토텔레스(Aristoteles, 기원전 384~322년)는 행복을 "최고의 선"이라 불렀고 인생의 목적을 의미 있고 가치 있는 삶의 추구, 즉 행복 추구(eudaemonic)라고 주장했습니다. 행복에 관한 이런 인문적 전통은 최근까지도 우리의 생각을 지배해 왔습니다. 그러니 행복 지수를 만들어 나라별로 순위를 매겨 비교하기도 하고(여기서 대한민국 국민은 늘 좌절하지요.) 행복하다고 답하는 사람들의 조건을 분석해서 행복의 요소를 찾으려고도 합니다. 행복이라는 목표를 달성하기 위해 노력하는 것이지요. 심지어 미래의 행복을 위해서 현재의 불행을 감내하자고 다짐하는 사람도 많습니다. 하지만 행복을 '주관적 안녕감(subjective wellbeing)'이라고 규정하고, 긍정/부정적 감정을 변인으로 측정하는 방식을 통해 객관적으로 탐구할 수 있는 대상으로 삼은, 마음에 관한 과학적 접근을 하는 심리학도 같은 이야기를 하고 있을까요?

만일 누군가가 여러분에게 "인생의 목적이 무엇일까요?"라고 진지하게 물었다고 해 봅시다. 여러분은 무엇이라고 대답하시겠습니까? ("당신은 왜 사시나요?"라고 단도직입적으로 물으면 참 당혹스럽긴 합니다. "왜 사냐건, 웃지요."라는 김상용 시인의 시구가 생각나네요.) 10명에게 물으면 8명쯤은 "행복해지려고요."라고 대답할 것입니다. 좀 전에 제가 말씀드렸지요. 철학에서는 행복을 인생의 최고 목표인 것처럼 이야기해 왔다고 말입니다. 여러분은 그렇게 세뇌당하신 것입니다. 그런데 과연 인생의 목적이 행복일 수 있을까요?

행복 연구의 최근 성과는 매우 명확합니다. 행복은 높은 수준의 심리적 쾌(快, pleasure)로 귀결됩니다. 행복이란 일종의 즐거운 상태인 것이지요. 고통스러운 상태의 반대편에 행복이 있습니다. 아무리 가치 있고 의미 있는 일을 하더라도 그것이 재미가 없거나 즐거움을 주지 못한다면 행복한 일이 아닌 것이지요. 행복을 이러한 긍정적 정서 상태로 환원해서 이해하게 되면서 행복에 대한 위상은 달라지기 시작했습니다.

행복 연구의 대세를 따르면, 행복은 긍정적 정서로 정의된다고 말씀드렸습니다. 긍정적 정서는 중요한 기능을 수행하고 있습니다. 그것은 바로, '접근 동기'를 준다는 것이지요. 어떤 일이 재밌고 즐겁다고 하면 여러분의 다음 행동은 무엇입니까? 그 일을 계속해서 하는 것이겠지요. 우리 아이들이 왜 온라인 게임을 계속하는지 아십니까? 재밌고 즉각적 보상(예를 들어, 높은 점수, 레벨 업 같은 목표 달성에 따른 성취감이나 만족감)이 오니까 식사도 거르고 밤새 하는 것입니다. 주변에서 다음과 같이 이야기하는 학부모를 많이 봤어요. 자기 아이가 온라인 게임에서 헤어나오지 못해서 어르기도 하고 달래기도 해서 자제하게 해 보려고 했지만 소용이 없었다는 것이지요. 그래서 아예 맘껏 해 보라고 풀어 놨다는군요. '며칠 내내 하다 보면 질리겠지.' 싶었던 것이지요. 그랬더니 3일 후에 앰뷸런스를 부를 수밖에 없었다고 합니다. 식음을 전폐하고 게임만 하다가 쓰러졌기 때문이었지요. 질리기는커녕 쉬지도 않고 계속 하더라는 것입니다.

쥐의 뇌의 쾌락 중추에 전기 자극봉을 꽂아 놓고 쥐가 레버를 누르면 그것이 작동해 쾌락 중추를 자극시키는 실험에 대해서 들어 보섰나요? 그 쥐들의 최후를 아십니까? 굶어 죽었습니다. 배고픔의 고통보다 레버를 눌렀을 때 오는 쾌락이 더 컸기 때문에 식음을 전폐하고 계속 눌렀던 것이지요. 쾌락의 기능은 하던 행동을 계속하게 만드는 동기를 준다는 것입니다. 반면 고통의 기능은 하던 행동을 멈추게 하지요. 망치를 갖고 놀다가 손가락을 찧으면 아프지요. 그러면 그 고통은 망치놀이를 멈추게 합니다. 고통의 원인을 제거하게끔 하는 것이 고통의 기능이라고 할 수 있습니다.

심리학에서는 이를 '회피 동기(avoidance motivation)'라고 합니다. 전염병이 창궐한 상황에서 회피 동기의 발동은 사람들의 정상적 정서 상태라 할 수 있습니다. 저에게 전염병을 옮길지도 모르는 타인을 우선 회피하고 보는 것이 저의 생존에 유리할 테니까요. 혐오는 회피 동기의 발현 중 하나입니다. 실제로 지난 코로나바이러스 팬데믹 기간 동안 동양인(특히 중국인), 성소수자, 장애인 등에 대한 혐오 표현과 공격이 급증한 것이 이슈로 떠오르기도 했지요. 혐오가 팬데믹의 해결책이 될 수 없다는 것은 당연하지만, 팬데믹 상황에서 우리의 혐오감이 왜 그렇게 상승했는지는 이해할 필요가 있습니다. 원인을 알고 상황을 직시해야 올바른 해결책을 모색할 수 있으니까요.

이런 맥락에서 교육 심리학자 김성일 교수에 따르면, 온라인 게임으로부터 아이들을 떼어놓을 수 있는 효과적인 방법은 "온라인 게임을 학교에서 정식으로 가르치는 것"입니다.[1] 온라인 게임이라는 과목을 정해 놓고, 교과서를 "1장 온라인 게임의 정의, 2장 온라인 게임의 종류, 3장 온라인 게임의 사례, ……" 하는 식으로 구성합니다. 그리고 아이들에게 정기적으로 필기 및 실기 시험도 치르게 하면, 질려서 안 할 것이라는 것입니다. 온라인 게임을 재미없고 고통스러운 교과 과목으로 만들어 버리는 것이지요.

반면 쾌락은 접근 동기를 줍니다. 그래서 쾌락으로 환원될 수 있는 행복은 일종의 '그린 라이트'입니다. 행복 심리학자 서은국 교수에 따르면, 행복은 생존과 번식이라는 (무의식적) 목표로 잘 가고 있는 중임을 보여 주는 신호이고, 그래서 '계속 그렇게 하라.'라는 신호일 뿐, 인생의 숭고한 목표가 될 수 없습니다.[2] 진화 심리학적 관점에서 행복에 관한 이런 주장은 가장 그럴듯한 설명입니다. 그래서 (서은국 교수가 이야기했듯이) 좋아하는 사람들과 맛있는 음식을 자주 먹는 행위만큼 행복한 인생은 없는 것이지요. 이것이 행복에 대한 과학입니다. 행복은 목표가 아니라 생존과 번식을 위한 수단입니다. 이것은 혐오가, 목표가 아니라 생존을 위한 수단인 것과 완전히 똑같습니다.

자, 이제 아리스토텔레스 선생님께 반문해 봅시다. "행복은 수단인데 인생의 목표로 삼는 게 적절할까요? 행복을 달성하겠다는 일념으로 온갖 시련을 견디고 고난을 극복하는 삶이 과연 바람직할까요?" 다윈 선생님은 이렇게 대답하지 않았을까요? "행복도 생존과 번식을 심리적으로 매개하는 쾌락의 하나이니, 그걸 잘 활용하라! 불행하다고 느끼면 행복감을 높이려고 억지로 시도하는 게 아니라 불행을 주는 원인을 회피할 수 있게끔 행동하라! 인생의 목표와 가치는 저마다 다를 수 있다. 나의 경우에는 생명의 다양성과 정교함을 이끄는 메커니즘을 밝히는 게 최고의 목표였다. 그리고 에마(Emma, 부인인 에마 다윈)와 사랑하며 건강하게 사는 것이었지." 행복은 인생을 풍요롭게 하는 여러 긍정적 가치들 중 하나일 뿐입니다. 집착하면 더 멀어질 수 있고, 심지어 인생을 망칠 수도 있습니다.

그렇다면 왜 많은 사람이 여전히 행복에 목매며 살까요? 행복해지기 위한 감사 일기 쓰기, 어제보다 행복해지기 위한 마음 훈련, '소확행(작지만 확실한 행복)' 추구, 행복 경영 등등. 솔직히 이런 말들을 들으면 본말이 전도되었다는 생각이 듭니다. 삶의 목표로서의 행복과 생존의 심리적 매개로서의 행복감은 완전히 다른 개념입니다. 원인과 결과, 목표와 수단처럼 다른 것이지요.

'목표로서의 행복'이라는 개념을 아직도 많은 이들이 믿고 있는 것은, 밈 이론의 관점에서 보자면, 아리스토텔레스로부터 시작된 지적 전통이 하나의 매력적 밈으로 자리 잡고 확산되었기 때문일 것입니다. 이 밈은 설명(이유)을 필요로 하는, 내러티브를 필요로 하는 인간의 뇌에 잘 기생하는 것일 가능성이 큽니다. 좀 어렵게 표현하자면, 설명을 추구하는 적응적 심리('어떻게-질문'과 '왜-질문')의 부산물일 가능성이 큽니다. 그러나 모든 밈이 숙주를 갈취할 수 있듯이, 아무리 좋아 보이는 이 행복이라는 밈도 과도한 집착이라는 형태를 띠고 우리의 뇌를 갈취할 수 있습니다.

별먼지와 잔가지의 과학 인생 학교

과학의 플러스 알파 효과

앞서 언급했듯이, 행복에 대한 과학적 연구는 행복이란 접근 동기를 제공하는 긍정적 정서이고, 행복감을 자주 느끼면 생존과 번식에 유리하다는 것을 말해 줍니다. 기존의 통념을 와르르 무너뜨렸지요. 좀 통쾌하신가요? 해방감이 느껴지시나요? 이제 행복, 행복, 행복, 이렇게 집착하지 않으셔도 됩니다. 그렇다면 '과학 정신을 갖고 살면 더 행복해질 수 있을까요?'라는 원래의 물음이 살짝 민망해집니다. 해서, 질문을 약간 틀어보겠습니다. '과학은 인생을 더욱 풍요롭게 해 주나요?', 이렇게요. 물론, 과학 기술이 인간의 삶의 조건을 말도 못하게 격상시켰다는 사실은 더 이상 강조할 필요도 없습니다. 질문의 초점은 물질적 조건을 만든 과학이 아니라 심리적 풍요를 만드는 과학에 있습니다. '인생을 풍요롭게 만드는 과학'이라는 명제는 민망해 보이지 않습니다. 그리고 이 명제는 참입니다.

과학이 인생을 풍요롭게 만들까요? 구체적으로 답을 찾아보겠습니다. 양자 역학에 대한 공헌으로 노벨 물리학상을 받은 리처드 파인만(Richard Feynman, 1918~1988년)에게 언젠가 예술가인 친구가 꽃 한송이를 들고는 이렇게 이야기했다고 합니다.[3]

"얼마나 아름다운지 봐요. 예술가로서 나는 이 꽃이 얼마나 아름다운지 볼 수 있습니다. 하지만 과학자인 당신은 이것을 그저 분해해 버려 이상한 것으로 만들고 말지요."

촌철살인의 지적 유머와 명쾌함으로 모든 과학자들의 영웅이라 할 수 있는 파인만이 이런 이야기를 듣고 그냥 고개를 끄덕이고 있을 리가 없었겠지요. 그는 다음과 같이 말했습니다.

"우선, 그가 보는 아름다움은 다른 사람들도 볼 수 있습니다. 저 또한 마찬가지지요. 비록 그 예술가 친구처럼 미학적으로 세련되지는 못할지라도, 꽃의 아름다움을 감상할 수 있습니다. 동시에 저는 그가 보는 것보다 꽃에 대해 훨씬 더 많은 것을 봅니다. 그 안에 있는 세포와 세포 내에서 일어나는 복잡한 작용들을 상상할 수 있는데, 그것 또한 아름답지요. …… 꽃의 색이 수분을 해 줄 곤충을 유인하기 위해 진화했다는 사실은 곤충이 색을 볼 수 있다는 것을 의미하기 때문에 흥미롭습니다. 이런 의문들이 이어집니다. 하등 생물에도 미적 감각이 존재할까? 이것이 왜 미학적일까? 과학 지식은 꽃에 대한 흥분과 신비, 경외심에 이런 흥미로운 질문들을 더할 뿐입니다. 오직 더하기지요. 어떻게 빼기일 수 있는지 도무지 이해할 수 없습니다."

저는 이것을 '과학의 플러스 알파 효과'라고 부르고 싶어요. 과학자들은 자연계 속에 숨어 있는 원리와 법칙을 발견함으로써 표면의 아름다움을 넘어서는 심층의 아름다움까지를 통찰할 수 있는 행운아들입니다. 과학자들은 그 심층의 미를 일반인들에게 전달하고 가르침으로써 자신의 사회적 역할을 충실히 수행하기도 합니다. 이런 맥락에서 과학의 가치는 인문적 가치에 플러스 알파를 더해 주는 것이라고 할 수 있겠습니다.

인류 역사상 가장 중요한 플러스 알파가 등장한 날로 저는 1859년 11월 24일을 꼽습니다. 그날은 영국의 과학자 찰스 다윈이 『종의 기원』 초판 1,250부를 출간한 날이지요. 이날을 기점으로 인류는 생명의 세계에 대한 문맹의 시대를 벗어납니다. 『종의 기원』 이전까지 인류는 생명 세계의 다양성과 정교함을 그저 인문적 시각으로만 감탄하고 있었습니다. "아, 아름답다." "기가 막히다." "신의 솜씨가 놀랍다." 이런 식이었지요. 마치 한글을 못 읽는 외국인이 이 책의 글자체만 보고 아름답다고 감탄하는 것과 유사합니다. 그는 한글에는 문맹이기 때문에 글의 내용에 대해서는 아무 말도 할 수 없습니다. 다윈 이전에 인류가 그랬습니다. 생명의 세계에 새겨진 글자를 읽지 못하니 그저 감탄하고 기껏해야 그럴듯한 내러티브를 만들어 낼 뿐이었지요. 다윈은 오랜 관찰과 실험을 기반으로 자연 선택 메커니즘과 생명의 나무 개념을 이용해 변화무쌍한 생명의 세계를 해독했습니다. (그 후로 1세기가 지나자 인류는 DNA의 분자적 구조를 알아냈고, 2세기도 지나지 않은 지금, 그 DNA를 해독하는 데 멈추지 않고 편집하고 있습니다.)

이제 다윈의 후예인 우리는 생명의 세계를 감탄의 표정으로만 대하지 않습니다. 자연계를 읽을 수 있게 된 것이지요. 이 얼마나 큰 변화입니까! 한국어를 읽기 시작한 외국인에게 서울이라는 도시는 엄청난 즐거움일 것입니다. 이런 것이 과학이 우리 인생에 선사하는 풍요로움입니다. 우리는 운 좋게도 다윈 이후에 태어난 사람들이기 때문에 진화의 관점에서 자연계를 읽을 수 있습니다. 만일 이것을 배우지 않았거나 받아들이지 않는 사람들은 여전히 자연계에 대한 까막눈인 셈입니다.

'플러스 알파로서의 과학'은 사실뿐만 아니라 의미와 가치에 대해서도 플러스 알파입니다. 통념과는 달리 과학은 절대로 침묵하지 않습니다. 흔히 사실로부터 당위(가치)를 이끌어내는 것을 논리적 오류(이른바, '자연주의 오류')라고 합니다. 저는 이것이 오류임을 인정합니다. 사실이 그러하다고 해서 그러해야 하는 것은 아니니까요. 가령, 인간이 편견을 갖는 것은 자연스럽지만, 그렇다고 해서 편견을 가지고 사는 것이 바람직하다고 할 수는 없지요. 자연스러움과 올바름의 간극은 매우 커서 정도의 차이라고 할 수 없습니다.

하지만 여기서 중요한 점은 우리가 믿고 따르는 가치와 삶의 의미 들이 수많은 사실에 근거해 있다는 사실입니다. 제가 잘 드는 예는 이런 것입니다. 타인을 고문하는 행위는 나쁩니다. (가치 진술 1) 왜 그렇지요? 그것은 고문은 사람을 고통에 빠뜨리고, (사실 진술 1) 타인을 고통스럽게 하는 행위는 나쁘기 때문입니다. (가치 진술 2) 즉 "고문 행위가 나쁘다."라는 아주 단순한 명제조차도 인간에 대한 사실(앞의 사실 진술 1)에 의존해 있다는 이야기입니다. 하물며 우리 삶과 연관된 수많은 가치와 의미 들이 수많은 사실 진술들에 의존해 있다고 봐야 하지 않겠습니까? 가령, 행복 추구가 가장 바람직한 삶이라고 말하려면, 행복이 왜 진화했으며 어떻게 해야 그런 행복을 느낄 수 있는지에 대한 사실들을 고려한 상태에서 논의가 시작되어야 합니다.

　과학의 최고 덕목은 인간, 자연, 우주에 대한 사실들을 끊임없이 업데이트해 준다는 점입니다. 중세 시대의 보통 사람들이 추구했던 삶의 가치가 요즘 사람들의 것과 다른 가장 큰 이유는 그들이 받아들인 '사실 집합'과 오늘날 우리가 받아들인 '사실 집합'이 크게 달라졌기 때문입니다. 이 집합의 변화는 주로 과학이 담당했습니다. 이런 맥락에서 만일 지금도 중세적 가치를 품고 사는 사람이라면 그에게 필요한 것은 새로운 가치가 아니라 그동안 업데이트된 새로운 사실들일 것입니다. 인생을 풍요롭게 살고자 한다면 풍요로움의 원천을 받아들여야 합니다. 그 풍요로움의 원천이 바로 과학입니다.

질문과 답

별먼지 이명현과 잔가지 장대익, 두 분 선생님은 1년 내내 많은 강연을 하고 많은 청
중을 만납니다. 어떤 강연에서는 최신 과학 지식을 소개하고 다른 강연에서는 과학
정신 또는 과학적 태도를 설명하지요. 두 분이 따로 하시는 경우가 대부분이지만 때
로는 함께하시기도 합니다. 그때마다 다양한 질문이 나오지요. 그 질문과 답을 몇
가지 골라 보았습니다.

대폭발, 또는 빅뱅 우주론에 따르면 삼라만상, 시공간과 물질을 포함하는 우주는 이 빅뱅으로 태어났습니다. 빅뱅은 모든 것의 시작이겠지만 우리가 아는 것, 알 수 있는 것, 알아야 하는 것의 끝이겠지요. 말도 못할 정도로 거대한 허무함과 무의미함의 시작이기도 하지요. 우리는 이 빅뱅을 넘어서 알 수는 없는 걸까요? 다중 우주에 대한 연구는 이 빅뱅 너머의 다른 우주들에 대한 연구잖아요. 다중 우주 이론이 옳다면, 빅뱅 우주론은 틀린 게 될 테고, 선생님이 말씀하신 인간의 허무함과 무의미함도 그 무게나 느낌이 달라지지 않을까요? 왜 우리 우주는 우리 인류 같은 지적 생명체를 낳게끔 설정되었는지 알 수 있게 되지 않을까요?

이명현 빅뱅 우주론은 우주의 기원에 대해서는 이야기하지 않습니다. 우주가 어떻게 탄생했는지는 '우주 기원론'에서 다룹니다. 빅뱅 우주론은 우주가 탄생한 후 진화해서 오늘날에 이르게 된 과정에 대한 이야기입니다. '우주 진화론'인 셈이지요. 우주의 기원에 대한 탐구를 하다 보면 다중 우주 개념에 이르게 되기도 합니다. 예를 들어서 양자 역학의 원리를 바탕으로 우주의 기원을 탐구하다 보면 양자 역학의 속성 때문에 다중 우주의 존재 가능성에 대한 이론적인 결과에 다다릅니다. 물론 다중 우주론은 순수한 이론입니다만, 그 이론이 참일 경우 우리가 사는 우주는 여러 우주 중 하나의 우주가 됩니다. 우리가 관측하고 있는 우주와는 물리 법칙이 다른 여러 우주가 존재할 수 있을 것입니다. 무한히 많은 다중 우주의 영역에서 정보라는 측면에서 생각하면 우리 우주와 모든 정보가 똑같은 쌍둥이 우주가 존재할 가능성도 있습니다. 유일한 하나의 우주에 존재하는 우리 자신과 다중 우주의 수많은 우주 중 하나에 존재하는 우리를 비교해서 생각해 보면 고유한 정체성을 더욱 해체시키는 쪽으로 사고가 진행될 수 있을 것입니다. 우리는 여럿 중 하나가 될 테니까요. 심지어 똑같은 존재가 다중 우주 어딘가에는 존재할 수도 있을 테고요.

"왜 우리 우주는 우리 인류 같은 지적 생명체를 낳게끔 설정되었는지 알 수 있게 되지 않을까요?"라는 질문에 대한 한가지 답은 "조건이 다른 여러 우주 중 하나인 우리 우주에서 생명 현상이 발현했다." 정도일 것 같습니다. 다중 우주든 유일한 우주든 분명한 것은 우주가 먼저 존재하고 그 우주의 진화 과정에서 조건이 맞으면 생명이 탄생한다는 것입니다. 인류가 존재하기 위해서 우주가 설계되거나 한 것은 아니지요. 우리는 우주 진화의 결과물 중 하나입니다. (제가 여기서 '진화'라는 단어를 쓰고 있지만 생물학에서 쓰는 진화와 물리학이나 천문학에서 쓰는 진화는 조금 개념이 다릅니다. 물리 과학 쪽에서 쓰는 진화는 '시간에 따른 변화'라는 뜻이 강하지요.) 다중 우주든 유일한 우주든 그 속에서 진화의 산물로 탄생한 인류는 그 사실에 직면하는 순간 경이로움과 함께 허무함에 빠질 것입니다. 어떤 우주인가에 따라서 그 무게가 심정적으로 달라질 수는 있겠지만 우주가 여전히 압도적이라면 그 차이가 크지는 않을 것 같습니다. 중요한 것은 그런 허무함을 직시하고 외면하지 않고 받아들여서 삶 속에 내재화하는 것이라고 생각합니다.

두 분 말씀대로 과학은 우리가 별먼지와 잔가지에 불과하다고 가르칩니다. 연약하고 미미하다고. 저 역시 동감입니다. 그런데 선생님은 동시에 고고하고 위대하다고 하시네요. 그렇지만 만물의 영장이라는 사실을 부정당하고, 하느님의 특별한 사랑을 받는 선택받은 민족이라는 사실도 부정당하고, 우주의 유일한 지성체일지도 모른다는 사실도 부정당한 존재가 어찌 고고하고 위대할 수 있을까요? 과학의 가르침은 인류 문명 이래 쌓아 온 온갖 종교와 철학, 그리고 영성적 가르침을 부정하지 않나요? 우리는 과학의 냉랭한 가르침 어디에서 우리의 고고함과 위대함을 찾아야 하나요? 또 '울트라한' 사회성으로 지구를 정복했다는 것 역시, 인류가 야기한 기후 위기와 환경 파괴 등 앞에서는 그 색이 바래고 맙니다. 선생님께서 말씀하신 고고함과 위대함, 그저 수사에 불과하지 않을까요?

장대익 우리가 허무함을 언제 느끼는지를 생각해 봅시다. 그것은 내가 믿던 사실과 그 근거 자체가 와르르 무너졌을 때, 그리고 그 폐허를 대체할 새로운 대안이 도통 보이지 않을 때입니다. 인류의 지성사에서 이러한 허무함이 크게 두 번 있었지요. 지동설의 등장으로 지구에 사는 인류가 우주의 중심이 아님을 깨달았을 때, 진화론의 탄생으로 만물의 영장이 아님을 깨달았을 때입니다. 코페르니쿠스의 지동설에서 한 발 더 나아가 우주는 무한하게 퍼져 있고 태양은 하나의 별에 불과하며 지구 같은 세계가 무한정 있다는 무한 우주론을 주장했던 조르다노 브루노(Giordano Bruno, 1548~1600년)라는 수사는 사람들을 미혹한다는 이유로 화형을 당해야 했습니다. 다윈의 진화론이 당시 영국 사회에서 확산되기 시작했을 때, 보수적인 사람들은 "그 이론이 사실이 아니길, 만일 사실이라면 알려지지 않기를!" 이라고 했습니다.

과학이 밝혀낸 바, 우리가 별의 먼지요, 생명의 거대한 나무의 잔가지라는 사실이 인생의 허무함으로 다가올 사람들은 그동안 자신의 실존 근거를 초자연적 세계관에 둔 사람일 가능성이 큽니다. 그렇지 않은 사람들에게 우리가 별먼지와 잔가지라는 사실은 차라리 하나의 환희입니다. 드디어 우리가 누군인지를 정확히 알게 되었다는 환희! '미미했던 존재가 어떻게 지구의 정복자가 되었는가?'라는 인류의 성장 및 성공 스토리는 우리를 위대하게 만듭니다. 그 성공의 뒤에 다정함, 공감, 초사회성이 있다는 사실은 우리를 고고하게 만듭니다.

물론, 아직은 그 고고함의 원천인 공감력이 충분하지 못해(보다 엄밀히 말해, 공감의 반경이 충분히 넓지 못해) 기후 위기와 환경 파괴 문제로 고통 받고 있지만, 이 문제를 해결할 힘도 여전히 그 공감력에 있습니다.[1] 이것이 바로 과학적 실존주의가 여타 실존주의와 다른 지점입니다. 비로소 자신이 누구인지를 객관화할 수 있을 때, 허무함은 자존감에 자리를 내주게 되어 있습니다. 기회가 되면 좀 더 자세히 이야기해 보지요.

두 분 모두 종교와 이별을 고할 때가 왔다고 말씀하시는군요. 종교 모임과 취미 모임을 동급 수준으로 취급하시는 별먼지 선생님의 말씀이나 종교가 사실과 가치 영역 모두에서 유의미한 주장을 내놓지 못한다는 잔가지 선생님의 말씀에서 두 분이 종교를 어떻게 생각하시는지 짐작할 수 있습니다. 그러나 세상은 개인의 판단이나 결단으로, 혹은 개인의 행동 변화만으로 바뀌지는 않겠지요. 고대 신들이 잊혀지기까지 수백 년의 시간과 많은 사람의 희생이 수반되었습니다. 기독교가 로마 제국의 국교가 되는 과정에서도 약탈과 학살이 일어났지요. 칼 세이건의 『코스모스』에도 그 희생자 중 한 사람인 히파티아(Hypatia, 355~415년)의 이야기가 나오지요. 말씀하시는 종교와의 이별이 그렇게 쉬운 일이 아닐뿐더러 평화롭게 이뤄지지 않을 것 같습니다. 고대까지 거슬러 올라가지 않아도 18세기 말 프랑스 대혁명 시기에 유물론자들과 이신론자들이 주도한 기독교와의 이별이, 그리고 20세기 초중반 아시아의 공산주의자들이 주도한 '문화 혁명'이 얼마나 잔혹한 결과를 낳았는지 모르시지 않으리라 봅니다. 종교와의 이별, 저는 100~200년 내에 가능하지 않으리라고 봅니다. 선생님들은 아닌가요?

이명현 저는 종교에 대한 부채 의식이 없는 사람입니다. 종교인이었던 적이 없으니 저 자신의 종교와의 결별에 대해서도 생각해 본 적이 없지요. 종교나 신앙 자체에 대해서도 절박하게 고민해 본 적이 없습니다. 대신 저는 종교의 기원과 진화에 대해서 진화 심리학적 설명을 대체적으로 받아들이고 있습니다. 종교는 설명 가능한 자연 현상 중 하나일 뿐입니다. 앞에서도 설명했듯이 종교 현상을 바라보는 과학자들의 견해가 일치하는 것은 아닙니다. 어떤 이는 종교가 진화적 적응이라고 보고, 다른 이는 부산물이라고 보지요. 저는 종교라는 현상은 인간 본성의 진화와 밀접한 관계가 있다고 생각하는 편입니다. 더구나 문명 발생 이후 수천 년 동안 종교는 인간 문화의 중심부에 자리 잡아 왔습니다. 뇌종양이 생겼는데 오랫동안 커지면서 혈관과 복잡하게 유착되어서 종양만 도려낼 수 없는 상황과 비슷하다고

나 할까요.

그러니 인간이 현재의 종으로 존재하는 한 종교를 없앤다는 것은 불가능하다고 생각합니다. 호모 사피엔스의 멸종기에나 종교도 같이 소멸하지 않을까 생각합니다. 그럼에도 불구하고 종교와의 이별, 혹은 거리 두기가 불가능한 것은 아니라고 생각합니다. 이미 시작되었다고도 봅니다. 위아래를 따지고 무리 안팎을 따지는 인간의 계층 의식과 배타성이나, 나아가 자신의 생존과 이익을 위해서는 살인도 마다하지 않는 폭력성 역시 인간 본성에 깊은 뿌리를 두고 있습니다. 우리가 이 현상들 역시 완전히 불식시키지는 못했지만 어느 정도 관리를 하고 가능하다면 이별하기 위해 노력하는 것처럼 말이지요.

특히 지적인 측면에서는 종교와의 이별이 확실하게 이뤄지는 듯하지요. 우주나 생명의 기원을 따지는 문제에서 더 이상 종교가 할 일은 아무것도 없습니다. 복잡한 신학적 논의는 계속되겠지만 현대 과학의 관점에서 본다면 공허합니다. 찻잔 속의 태풍이라고 할까요. 사회적으로도, 전통적으로 종교가 독점해 오던 역할을 지금은 다양한 곳에서 하고 있습니다. 넓어진 선택지에서 사람들이 좀 더 과학적으로 사고한다면 종교가 제시한 적 없는 삶의 방식을 선택할 수도 있을 것입니다. 이런 선택들이 쌓여 간다면 종교는 점차 소멸해 가겠지요.

저는 종교와의 이별이 이렇게 자연스럽게, 평화롭게, 이별했는지도 모르게 이뤄졌으면 좋겠다고 생각합니다. 하지만 앞서 말씀드린 것처럼 종교는 인간과 오랫동안 유착해 왔기 때문에 그 관성으로 오래도록 지속될 것입니다. 조금씩 외면당하는 과정을 통해 소멸되어 가면 좋겠습니다. 더디지만 조금씩 그런 방향으로 나아가고 있다고 생각합니다. 종교와 치열하게 싸우기보다는 외면하고 나아가 고립시키는 게 보다 현실적일 것 같습니다. 종교를 없애기 위해 노력하기보다는 과학적 사고를 보편화시키는 것에 초점을 맞추는 전략이 훨씬 유효하다고 생각합니다.

장대익 인류 문명이 붕괴하는 날까지도 종교는 멸절하지 않을 것입니다. 앞서 이야기했듯이, 인간은 내러티브를 만들고 소비하는 동시에 내러티브의 지배를 받는 종이기 때문이지요. 종교는 인류가 발명한 매우 그럴듯한 거대 내러티브이고, 지난 1만 년 동안 인류에게 위안을 주는 역할을 담당해 왔습니다. 그게 거짓 위안이긴 하지만요. 거짓이든 진실이든, 사람들에게 중요한 것은 주관적으로 위안이 되느냐 아니냐지요.

「이퀼리브리엄」이라는 영화를 보면, 가상의 미래 사회에서 평화에 방해가 된다고 인간의 감정을 억압하잖아요. 그걸 위해 예술을 다 없애려 하지요. 영화이긴 하지만, 성공을 했나요? 아니에요. 만에 하나 그런 일이 실제로 일어난다면 성공할까요? 저는 그렇게 생각하지 않습니다. 인간의 감정은 수백만 년의 진화 과정에서 장착된 본능입니다. 감정을 약물로 없앨 수 있을지는 몰라도 약물을 투여받지 않으려는 인간의 욕망은 없앨 수 없지요.

이런 맥락에서 직접적으로 종교 박멸 프로젝트를 진행한다면, 그런 프로젝트는 애초부터 불가능하겠지만, 결코 성공하지 못할 거예요. 대신, 니체의 길을 따를 수는 있겠지요. 매력적인 대안적 철학과 사상을 계속해서 발명하고 교육하는 방식으로 말이지요. 자기 긍정의 철학과 사상은, 종교를 의심하지만 대안을 찾지 못해 고민하는 사람들에게 꽤 괜찮은 돌파구가 될 수 있습니다. 하지만 이제는 과학적 세계관, 과학적 실존주의를 대안으로 가르쳐야 한다고 생각합니다.

지금껏 인류의 역사에서 이런 과학적 대안을 본격적으로 교육하고 확산시켜 본 적은 없었어요. 이제 학교에서 과학만 가르치지 말고 과학적 태도, 과학적 방법론, 과학적 세계관도 함께 가르쳐야 한다고 생각해요. 그래서 과학 인생 학교 같은 게 필요한 거예요. 과학 인생 학교를 열어서 교육하고 토론하다 보면 종교와의 이별을 멋지게 감행하는 사람들이 늘어날 수도 있겠지요.

제인 구달이었나요? 어디선가 본 건데요, 이제 90을 바라보는 이 노인에게 한 청중이 질문을 던집니다. "선생님의 다음 번 위대한 모험은 무엇이 될 거라고 생각하세요?" 그녀는 잠시 생각하다가 문득 깨달은 듯, "죽음."이라고 답합니다. 이 대답은 상당한 울림을 줬겠지요. 청중이나 독자에게. 그런데 어떻게 생각하면 부질없는 것일지도 모릅니다. 두 분은 '죽음'이 과학적 탐구의 대상이 될 수 있다고 생각하시나요? 임사 체험 연구 등이 나름 존재하는데, 그 과학적 의미를 두 분은 어떻게 평가하시나요? 두 분은 '죽음'을 어떻게 보시나요?

이명현 앞서 말씀드린 바와 같이, 죽음에 대한 저의 철저하게 유물론적인 관념은 사춘기 때 정립된 것 같습니다. 여전히 죽음이 두렵지만 그렇다고 괴롭지는 않습니다. 급성 심근 경색으로 쓰러져서 죽음의 문턱까지 갔다 왔고, 그 사건이 제 삶을 많이 변화시키기는 했지만, 삶과 죽음 자체에 대한 제 태도에 특별한 영향을 미치지는 않았습니다. 죽음 자체나 임사 체험을 일종의 자연 현상으로 보고 있고, 과학적 호기심을 가지고 있습니다. 죽음에 대한 지식이 늘어나는 만큼 삶이 더 풍성해질 테니까요.

장대익 임사 체험을, 실제로 존재하는 사후 세계를 다녀온 경험이라고 한다면, 그런 일은 일어날 수 없다는 게 제 생각입니다. 대신 뇌가 어떤 특수한 상황에서 그런 경험을 만들어 낼 수 있다는 데에는 동의합니다. 실제로 최근 연구에 따르면, 물리적 자극에 반응을 하지 않던 혼수 상태의 환자 중 일부에서 심장이 멈춘 후에 뇌파가 완전히 소멸하기 직전에 감마파의 활동이 아주 강하게 나타났다고 합니다.[2] 감마파는 매우 흥분된 상태에서 의식이 또렷할 때 나타나는 뇌파로, 명상을 할 때나 꿈을 꾸는 렘 수면 상태에서도 나타난다고 합니다. 그 감마파의 활동이 그 뇌의 주인 입장에서는 임사 체험으로 나타났을 수도 있지요. 뇌의 작용이 아닌 경험은 존재하지 않습니다. 이것이 현대 과학이 말하는 바입니다. 그러나 비슷한 상황에 처했던 모든 환자에게서 그런 현상이 나타났던 것도 아니며, 그것이 정말로 임사 체험과 관련 있는지는 아직 단언할 수 없습니다. 어쨌든 확실히 말할 수 있는 것은, 임사 체험이라는 현상 또한 그 원인과 과정을 설명해 주는 것은 과학이라는 점입니다.

사실, 진화학자의 관점에서 죽음은 섹스 때문에 생겨난 현상입니다. 자신의 유전자 집합을 그대로 물려주는 무성 생식의 경우에 사실상 죽음이란 없습니다. 유전자가 영속적으로 이어지니까요. 그런데 대략 15억 년 전쯤에 지구에서 성(性, sex)이 처음으로 탄생합니다.[3] 유성 생식하는 개체가 생겨난 것이지요. 유성 생식을 하는 진핵 생물 대부분은 사실상 죽음을 경험하게 됩니다. 자신의 유전자를 가진 자손을 남기고 자신은 사라지는 것이지요. 이러한 시스템을 마련한 덕분에 지구는 휘황찬란하게 다양한 생명체들로 북적이게 되었습니다. 진화적으로 보면 죽음은 섹스와의 교환이라고 할 수 있습니다. 멋지지 않나요?

과학적 태도의 교육과 관련해서 두 분이 알고 계신 유의미한 사례를 한두 가지 더 소개해 주시면 좋겠습니다. 예를 들어, 최근 미디어에서 화제가 되고 있는 강형욱 씨나 오은영 교수 등의 멘토링에 대해서 어떻게 평가하시는지요? 어떻게 보면 동물 행동학이나 심리학에 근거해서 가르침을 주는 듯한 현대의 구루이지만, 실상은 어떻게 봐야 할지 고민되거든요.

이명현 강형욱 씨나 오은영 씨에 대해서는 제가 잘 알지 못합니다. 유명한 분들이라 소식을 접한 적은 있지만 그분들의 프로그램을 본 적이 거의 없기 때문에 평가를 하기는 어려울 것 같습니다. 일반론으로 이야기를 해 보겠습니다. 두 분 모두 그 분야에서 일정 부분 성취를 이룬 사람일 것으로 생각합니다. 방송 매체에서 지속적으로 영향을 미치는 위치를 유지한다는 것은 한 순간의 재기(才器)로만 이룰 수 있는 일이 아닐 것입니다. 한편 방송이라는 매체의 속성상 그분들이 실제로 행하는 것이 모두 전달되었다고 생각하기도 힘듭니다. 우리가 보는 것은 연출되고 방송의 언어로 번역된 내용일 테니까요. 거두절미하고 뽑아낸 자극적인 메시지로 승부하는 것이 방송의 속성이잖아요. 다만, 나름 전문적 과학 훈련을 받은 전문가를 등장시켜 과학 지식과 과학적 태도를 바탕으로 문제를 해결해 나가는 프로그램에는 원론적으로 동의를 합니다. 그렇지만 앞서 말한 방송 매체의 특성상 생기는 왜곡을 어떻게 완화시킬지에 대한 고민이 더 있어야 할 것 같습니다. 그리고 시청자들도 방송이 가진 한계를 인식하면서 프로그램을 보셨으면 하는 바람입니다. 저도 종종 방송에 출연합니다만, 차분하고 길게 설명할 수 있는 시간이 주어지지 않는 경우가 대부분입니다. 어쩔 수 없는 부분이지만 방송에 출연한 전문가는 주어진 시간을 가능한 한 잘 활용해 내용을 명확하게 소개할 수 있도록 의도적인 노력을 해야 합니다. 제가 방송에 출연할 때 가장 신경을 쓰는 부분이기도 합니다.

과학적 태도를 갖추고 실천할 수 있도록 하는 교육이 중요하다는 점에는 많은 사람이 동의할 것입니다. 곳곳에서 그런 교육을 시도하는 사람들이 있는 것도 압니다. 그런데 이 문제에 초점을 맞춘 종합적이고 체계적인 교육 프로그램을 찾기는 힘든 것이 사실입니다. 제가 대표로 있는 과학책방 갈다에서 몇 년째 '칼 세이건 살롱'이라는 독서 프로그램을 진행하고 있습니다. 칼 세이건의 책들을 같이 읽고 토론하는 프로그램입니다. 제가 모더레이터(moderator, 회의 사회자 혹은 논쟁 조정자) 역할을 하면서 가이드를 하고 있습니다. 과학적 태도와 실천 방안을 가장 잘 서술한 책들로 알려진 칼 세이건의 저작을 같이 읽으면서 자연스럽게 과학적 태도를 익힙니다. 나아가서 그 내재화 및 실천을 지향점으로 삼습니다. 이 프로그램이 좀 더 체계화되어서 더 많은 사람이 참여한다면 과학적 태도를 익히고 실천하는데 도움을 주는 좋은 프로그램으로 성장할 수 있을 것 같습니다.

장대익 동물 행동학, 심리학, 정신 의학의 이론들을 실제 동물이나 인간에게 적용하여 그들의 행동 변화를 예측하고 관찰하는 작업이 텔레비전 매체에 적합하지는 않습니다. 왜냐하면 행동 변화는 그리 쉽게 단기간 내에 생겨나질 않기 때문입니다. 매주 방영하는 텔레비전 프로그램은 오랜 기간의 관찰과 촬영을 기다려 주기 힘든 구조를 가지고 있습니다. 이것이 만일 1~2년 동안 촬영하고 편집하여 방영하는 다큐멘터리 프로그램이라고 한다면 비교적 장기간의 변화를 담아낸 것이므로 의미가 있을 것입니다. 하지만 현재와 같은 속도의 프로그램이라면 화면상에 보여지는 것과 실제 변화에는 큰 간극이 있을 가능성이 꽤 큽니다. 저도 이런 비슷한 프로그램에 전문가 패널로 나와 달라는 요청을 받은 적이 있었는데요, 지금 말씀드린 이유로 정중히 사양을 했던 경험이 있습니다.

최근 후쿠시마 원전 폐수 혹은 핵폐수 관련해서 '과학'이라는 단어가 미디어에서 화제가 되고 있습니다. 서로 정치적으로 다른 진영에 속한 사람들이 상대방을 가리켜 "비과학적", "괴담" 같은 단어를 들먹이며 비판을 하지요. 이미 정치적, 경제적, 국제적 논쟁이 되어 버린 원전 폐수 논쟁에서 과학적 태도를 취한다는 것은 어떤 것일까요? 그리고 한 걸음 더 나아가자면, 과학적 태도를 취한다는 게 돈과 권력 앞에서는 무의미하다는, 무쓸모하다는 느낌이 드는 것을 어쩔 수가 없습니다. 저의 이런 생각을 좀 다잡아 주실 수 있으면 좋겠습니다.

이명현 후쿠시마 원전 폐수 방류 사태에 대한 과학적 태도는 무엇일까요? 원론적으로 말하자면 가장 과학적인 태도는 현재 상황에서는 후쿠시마 원전 폐수 방류의 위험성에 대해서 "알 수 없다."라고 말하는 것이라고 생각합니다. 일본에서 제한적으로 제공하는 데이터 외에 과학자들이 직접 접근해서 채집하고 분석할 수 있는 데이터가 없습니다. 데이터를 바탕으로 분석을 할 수 없는 상황에서 원전 폐수 방류의 위험성에 대해 확실하고 정량적인 의견을 제시하는 것은 가능하지 않아 보입니다. 이런 상황에서 주로 추측을 통해서 위험 여부를 이야기할 수밖에 없고, 따라서 확신을 가지고 의견을 낼 수가 없습니다. 그러니 잘 모른다는 의견을 견지하는 것이 과학적 태도라고 생각합니다.

데이터가 공개되고 과학자들이 분석을 하는 과정을 거친 후 위험성에 대한 논의를 하고 방류 여부를 결정하는 것이 정상적인 과정이라고 생각합니다. 현재는 이런 조건을 만족하지 못하기 때문에 일단 방류를 보류하자고 하는 것이 상식적이고 과학적인 태도라고 생각합니다. 이 상황에서 과학적으로 위험하니 그렇지 않으니 하는 논쟁은 큰 의미가 없다고 봅니다. 확신을 가지고 말할 수 있는 것이 없는데 과학의 이름으로 확신에 찬 의견을 내놓는 것은 잘못된 일이라고 생각합니다.

지금 우리가 해야 할 정상적인 작업은 원전 폐수가 안전하다 아니다, 방류해도 좋다 아니다 하는 논쟁이 아닙니다. 데이터를 공개하고 방류를 일단 보류할 수 있는 방안을 마련하라고 촉구하는 것입니다. 먼저 과학자들이 과학적 작업을 할 수 있게 만들어야 합니다. 실현 여부는 부정적이지만 이런 사회적 합의를 만드는 것이 중요합니다. 어렵더라도 이런 주장을 계속 하는 수밖에 없습니다. 현재의 후쿠시마 원전 폐수 방류 논쟁은 과학이라는 이름으로 포장된 정치적, 사회적 논쟁입니다.

장대익 '과학적'이라는 단어가 인식적 우월성을 뜻하기 때문에

서로들 과학이 자기네 편이라고 말하는 상황입니다. 과학은 다양한 이해 관계를 가진 당사자들의 밀실 '거래'와 '타협'을 통해서 결정되는 정치적 합의가 아닙니다. 과학자 집단의 합리적 의심과 실험적 검증 등을 거쳐 확립되는 개방적 탐구 활동입니다. 또한 논쟁이 있다는 것은 과학의 문제점이 아니라 과학이 작동하고 있다는 '징표'입니다. 논쟁이 없는 과학은 애초에 없으니까요. 그러니 늘 존재하는 논쟁 자체를 어떤 개방적 절차를 통해 합리적으로 종결시킬 것인지가 중요합니다. 그 역할을 맡은 사람을 우리는 과학자라 부릅니다. 과학자들은 선언이나 주장을 하는 사람들이 아니라 절차를 점검하며 질문하는 사람들입니다.

최근 원전 폐수 논쟁에서 누가 과학적 태도를 제대로 견지한 전문가인지를 알려면, 적극적으로 절차를 점검하고 끊임없이 질문하며 얻어진 답변들에 대해 만족하거나 추가 질문하는 사람들을 주목해 보십시오. 그렇지 않고 성급하게 답변을 내놓는 사람들, 게다가 자신의 정치적 성향에 부합하는 결론에 더 깊은 애정을 보이는 분들은 과학적 태도를 버린 사람들입니다. 과학자들이라고 모든 사안에 한결같이 성숙한 과학적 태도를 보이는 것은 아닙니다. 과학자들도 때로는 돈과 권력, 그리고 자신의 선호도에 따라 객관적 태도를 잃기도 합니다. 과학자들도 인간이고, 인간이 가진 강력한 본성은 과학적 태도와는 꽤나 거리가 있으니까요. 그러니 그런 과학자들을 판단하는 우리 스스로가 비판력을 가질 필요가 있겠습니다.

별먼지와 잔가지의 과학 인생 학교

참 어렵고도 귀찮지요? 과학적 태도를 취한다는 게 돈과 권력 앞에서는 무의미하다는 생각이 이해가 되지 않는 바는 아니지만, 모든 사람이 돈과 권력에 굴복하는 것은 절대 아닙니다. 진화의 결과는 다양성이지요. 자연은 아주 다양한 사람들을 세상에 내놓았고, 개중에는 정치적 성향과 무관하게 과학적 태도를 견지하는 과학자들이 많습니다.

장대익 선생님은 행복은 삶의 수단이지 목표가 아니라 하셨고, 이명현 선생님은 행복을 실현하는 방법을 소개하셨네요. '행복'을 좀 더 메타적으로 볼 수 있게 된 것 같습니다. '행복'이 인생의 목표가 아니라면 그렇다면 인생에서 추구해야 하는 가치로 행복 말고 어떤 것들이 있을까요? 두 분이 추구하시는 가치들을 좀 더 구체적으로 설명해 주실 수 있을지요?

이명현 행복을 인생의 목표로 이야기하던 때가 있었습니다. 하지만 점차 그것은 관념일 뿐이고 행복 또는 우리가 행복이라고 인식하는 것은 목표라기보다는 더 좋은 삶을 위한 여러 수단 중의 하나라는 생각이 더 설득력 있는 것 같습니다. 행복이라고 부르든 뭐라고 부르든 인간이 삶을 영위해 가는 데 안락함과 이득을 주는 것이라면 그것을 적극적으로 수용해서 삶의 방식에 적용할 필요가 있다고 생각합니다. 그런 관점에서 '인생의 목표가 무엇인가?' 하는 질문을 이제는 폐기하는 것이 어떨까 제안해 봅니다.

인생의 목표를 정하는 것은 목적성을 부여하는 작업일 것입니다. 가치를 부여하고 그 가치를 실현하기 위해서 노력을 하는 과정이 따라야 할 것입니다. 한 개인의 긴 일생을 유지하고 한 집단의 연속성을 유지하자면 합의된 목표나 가치관이 필요할 것입니다. 하지만 이런 질문들은 인간의 정체성과 본성을 놓고 치열하게 오랫동안 이루어야 할 장기 프로젝트일 것입니다. 이 논의의 끈을 놓치지 않는 것 자체가 삶의 가치를 확보하는 길이기도 할 것입니다.

한편 하루하루 삶을 살아갈 때에는 이런 거시적인 담론도 중요하지만 지금 당장 살아갈 방식에 대한 궁리도 중요합니다. 그런 의미에서 '폐기'라는 과격한 단어를 사용해 봤습니다. 장기 프로젝트와 함께 지금 당장 할 수 있는 일에 대한 생각을 좀 더 구체적으로 했으면 합니다. 궁극적인 목표와 가치는 우리가 생각하는 별먼지인 한 계속 안고 가야 할 화두입니다. 현실적으로는 아주 가까운 미래와 현재를 어떻게 살 것인가 하는 '단기적인 가치'가 더 유용하지 않을까 합니다.

저는 다음과 같은 방식으로 단기적인 가치를 설정하고 실천하려고 노력하고 있습니다. 먼저 반걸음 뒤로 가서 상황을 살펴봅니다. 역사를 되돌아본다고 해도 좋습니다. 역사 속 진행 과정을 살펴보는 것이지요. 예를 들어 여성의 인권은 논쟁점이 있겠지만 역사가 거듭되면서 과거에 비해서 나아지는 방향으로 전개되어 왔습니다. 성소수자에 대한 인식과 대응도 강압에서 인정 쪽으로 변화되어 왔습니다.

이런 역사의 흐름을 살핀 후 현실의 상황을 살펴봅니다. 여성의 인권과 성소수자에 대한 법적, 관습적 대응은 나라마다 다릅니다. 저는 이 지점에서 이번에는 반걸음 더 나아가는 태도를 자신의 견해로 받아들입니다. 지금 여성과 성소수자에게 허용되는 인권 상황보다 반걸음 진보적인 태도를 자신의 가치관으로 설정하는 것이지요. 그리고 그 가치관에 따라서 실천을 합니다. 우리 사회에서 용인되는 여성과 성소수자에 대한 인식과 법적 처우보다 반걸음 나아간 것들을 받아들이고 제가 지지하고 지향해야 할 가치 체계로, 혹은 실천의 목표로 삼습니다. 이런 과정은 인식을 확장하는 데 도움이 됩니다.

이렇게 단기적인 가치를 실현해 가다 보면 좀 더 궁극적인 가치에 대한 생각도 깊어질 것이라고 생각합니다. 무엇이든 그렇겠지만 멀리 바라볼 것과 당장 해야 할 일은 서로 배치되는 것이 아니라 상보적이라고 생각합니다. 추구해야 할 가치 자체도 목표라기보다는 실천의 단계일 수 있습니다.

장대익 제가 추구하고 싶은 가치는 몇 가지가 있습니다. 그중 하나는 '풍부함(richness)'이에요. 저는 풍부한 경험과 지식을 사랑합니다. 호기심과 열정을 가진 이유도 어쩌면 이 풍부함이라는 경험을 갖고 싶어서일 것 같아요. 풍부함을 추구하다 보면 저 자신이 얼마나 작은 존재인지, 경험과 지식이 얼마나 한정적인지를 느낄 수밖에 없습니다. 풍부함 추구는 때로 심리적 불편함을 주기도 합니다. 익숙함을 넘어서야 풍부함에 이르기 때문이지요. (최근 행복 연구에서 의미 있는 삶과 쾌락적인 삶 외에 풍요로운 삶도 행복의 또 다른 축이라는 논의가 있습니다만, 풍부함을 행복과 꼭 연결시키지 않아도 제가 추구할 가치라고 규정하는 일은 얼마든지 가능합니다) 그래서 '성장(growth)'이라는 가치도 소중하게 생각합니다. 성장은 익숙함(과거 자신의 경험, 지식, 성향)으로부터 조금씩 멀어지며 새로움을 받아들이는 과정입니다. 저는 이런 과정들이 멋지다고 생각하는데 그러려면 이를 추구하는 과정에서 '자율성(autonomy)'이라는 가치가 유지되어야 합니다. 즉 자신의 내재 동기에 따라 이런 가치들을 추구해야 한다는 것이지요. 남이 시켜서 하거나 보상을 바라고 하는 일은 제게는 재미도 의미도 없는 일입니다. 이 세 가지 외에 '개성'과 '창의성', 그리고 '유머'도 제가 늘 신경쓰고 추구하는 가치들입니다.

마치며

초안을 꼼꼼하게 읽고 고치면서 이 프로젝트에 처음부터 끝까지 함께한 손혜민 선생님께 먼저 고마움을 전합니다. 그리고 두 사람이 이 책의 첫 글을 시작할 수 있도록 멋진 장소를 제공해 주신 티앤씨 재단 김희영 이사장님께도 감사를 드립니다. 거친 원고를 좋은 책으로 만들어 주신 (주)사이언스북스 편집부에도 감사 인사를 드립니다. 이 책을 쓰는 과정에서 과학 커뮤니케이션의 길을 같이 걸어가는 동료들에게도 큰 빚을 졌습니다. 고맙습니다. 응원의 글을 보내 주신 과학책방 갈다 주주들과 과학 커뮤니케이터들에게도 고맙다는 말

씀을 드립니다. 끝으로 과학책을 사랑하고 읽어 주시는 독자들에게
감사의 말을 전하면서 이 책을 마칩니다.

후주

부인할 수 없는 '존재의 우발성'

1. Dunbar, R. I. M., "Neocortex size as a constraint on group size in primates," *Journal of Human Evolution* 20, 1992, 469-493.
2. 인간의 초사회성과 관련한 자세한 설명은 다음의 책에 잘 나와 있습니다. 장대익, 『울트라 소셜』(휴머니스트, 2017년).
3. 다음 동영상 링크에서 침팬지와 인간의 아이가 어떻게 다른지 직접 보실 수 있습니다. https://www.snotr.com/video/5210/Chimps_Vs_Children.

종교가 위안을 주는 시대의 쇠락

1. 피터 싱어, 최정규 옮김, 『다원주의 좌파』(이음, 2011년).
2. 호모 속에서 가장 먼저 탄생한 것으로 여겨지는 호모 하빌리스(*Homo habilis*)가 약 250만 년 전에 출현한 것으로 알려져 있습니다.

3. 스티븐 핑커, 김한영 옮김, 『빈 서판』(2판, 사이언스북스, 2017년).

4. 프리드리히 니체, 이진우 옮김, 『차라투스투라는 이렇게 말했다』(휴머니스트, 2020년).

5. 조너선 갓셸, 노승영 옮김, 『스토리텔링 애니멀』(민음사, 2014년); 애나 렘키, 김두완 옮김, 『도파민네이션』(흐름출판, 2022년).

천애 고아 인간

1. 칼 세이건, 앤 드루얀, 김동광 옮김, 『잊혀진 조상의 그림자』(사이언스북스, 2008년).

2. 마이클 셔머, 김소희 옮김, 『믿음의 탄생』(지식갤러리, 2012년).

3. 칼 세이건, 홍승수 옮김, 『코스모스』(사이언스북스, 2004년).

사례 연구, 이명현

1. 김주환, 『회복 탄력성』(위즈덤하우스, 2019년).

나는 어떻게 무신론자가 되었는가?

1. Brenan, M., "40% of Americans Believe in Creationism," *Gallup*, July 26, 2019. https://news.gallup.com/poll/261680/americans-believe-creationism.aspx.

2. 서금영, 「창조론과 진화론에 대한 여론 조사」, 《갤럽리포트》, 2012년 7월 16일. https://www.gallup.co.kr/gallupdb/reportContent.asp?seqNo=310.

3. Dennett, D. C., "THANK GOODNESS!", Edge.org, September 2, 2006.

4. 이어령, 『지성에서 영성으로』(열림원, 2017년).

5. 자기 결정성 이론을 쉽고 재미있게 접할 수 있는 책으로 에드워드 데시가 퓰리처 상 작가인 리처드 플래스트(Richard Flaste)와 함께 쓴 『마음의 작동법』(에코의서재, 2011년)을 권합니다.

과학은 특별한 방법이다

1. 자세히 알고 싶으시면 제 책 『쿤 & 포퍼 : 과학에는 뭔가 특별한 것이 있다』(김영사, 2008년)가 조금 도움이 될 것입니다.

2. Bae, J., Cha, Y. J., Lee, H., Lee, B., Baek, S., Choi, S., and Jang, D., "Social networks and inference about unknown events: A case of the match between Google's AlphaGo

and Sedol Lee," *PLoS ONE* 12(2) (2017) https://doi:10.1371/journal.pone.0171472.

3. Kwame Anthony Appiah, "YouTube Videos Brainwashed My Father. Can I Reprogram His Feed," *The New York Times Magazine*, April 20, 2021. https://www.nytimes.com/2021/04/20/magazine/youtube-radicalization.html.

과학은 공짜가 아니다

1. Sagan, S., "Lessons of Immortality and Mortality From My Father, Carl Sagan," *The Cut*, April 15, 2014. https://www.thecut.com/2014/04/my-dad-and-the-cosmos.html.

2. 칼 세이건, 앤 드루얀, 이상헌 옮김, 『악령이 출몰하는 세상』(사이언스북스, 2022년).

3. 우리말로도 번역, 출간되었습니다. 사샤 세이건, 홍한별 옮김, 『우리, 이토록 작은 존재들을 위하여』(문학동네, 2021년).

행복이 과학인가?

1. 김성일 교수와의 개인적 대화(2017년).

2. 서은국, 『행복의 기원』(21세기북스, 2014년).

3. 다음 유튜브 링크에서 이 이야기를 파인만의 육성으로 들을 수 있습니다. https://www.youtube.com/watch?v=ZbFM3rn4ldo. 녹취된 영어 문장은 다음 링크에서 볼 수 있습니다. https://www.mentalfloss.com/article/32133/richard-feynmans-ode-flower.

질문과 답

1. '공감의 반경' 개념에 대한 설명과 인류가 처한 위기를 극복하고 더불어 생존할 수 있는 방향을 모색한 내용은 다음 책을 참조하시면 좋습니다. 장대익, 『공감의 반경』(바다출판사, 2022년).

2. Xu, G., Mihaylova, T., Li, D., Borjigin, J., "Surge of neurophysiological coupling and connectivity of gamma oscillations in the dying human brain," PNAS, 120(19), May 1, 2023. https://www.pnas.org/doi/10.1073/pnas.2216268120.

3. 성의 탄생과 그 의미에 대한 자세한 내용은 다음 책을 참고하시기 바랍니다. 리차드 미코드, 한국유전학회 옮김, 『유전자, 사랑, 그리고 진화: 성은 왜 만들어졌을까?』(전파과학사, 2006년).

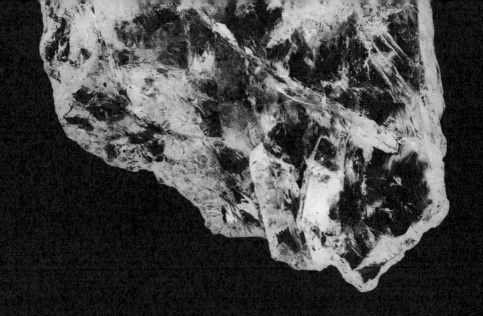

응원의 글들

과학 공부해서
인생이 바뀐 사람들

별먼지 이명현 선생님과 잔가지 장대익 선생님은 과학책방 갈다의 제안자이자 대표 주주이기도 합니다. 과학책방 갈다를 잇는 새로운 프로젝트인 『별먼지와 잔가지의 과학 인생 학교』 출간과 '과학 인생 학교' 설립 프로젝트에 대한 응원의 메시지를 과학책방 갈다의 주주들이 보내 주셨습니다. 어떤 분은 책의 추천사를 써 주었고, 어떤 분은 이 책의 핵심 질문이 '과학 공부한다고 인생이 바뀌겠어?'에 대한 자신의 답을 적어 주셨습니다. 이 응원의 글들을 보시면서 여러분도 자기만의 답을 적어 보시면 어떨까요?

강성주(과학 커뮤니케이터) "과학 공부한다고 인생이 바뀌겠어?"마치 공부하기 싫은 마음 가득한 중학생이 투정 부리는 질문에 천문학자와 진화학자가 진지하게 고민을 한다면 무슨 답을 얻을 수 있을까? 과학이 모든 질문에 답을 줄 수 있을 것이라 믿는 세상에서 이 두 과학자는 과학이 어떻게 인생에 도움을 줄 수 있는지 진지한 대화를 통해 해답을 찾아간다. 과학과 인생 사이의 깊은 연결이 이 두 과학자의 대화에 담겨 있으니, 그 답을 얻고 싶다면, 조용히 이 교과서의 첫 페이지를 넘겨 보자.

고재현(한림 대학교 반도체·디스플레이 스쿨 교수) 21세기 인류가 당면한 가장 큰 문제인 기후 위기를 고민하는 이들이라면 과학을 공부하고 합리적으로 판단하려는 노력은 선택이 아닌 필수입니다. 그건 우리 자신의 문제이면서 21세기의 끝자락에 이 지구 위에서 살아갈 우리 후손들의 삶의 문제이기 때문입니다. 가짜 뉴스와 깊은 편향이 판치는 시대에 과학은 합리적 사고를 향하는 소중한 나침반입니다.

곽진오(삼성 디스플레이 고문) 진화론자들의 독창적 해석과 치열한 연구를 다룬 책, 『다윈의 식탁』으로 널리 알려진 진화학자와 전파 망원경으로 우주를 연구하는 천문학자가 작당하여, 과학의 역할이 지식 전달에만 있지 않고 삶을 변화시키는 데서도 근본적인 역할을 할 수 있다는 믿음을 우리에게 주기 위하여 이 책을 썼다. 이 책은 과학 지식과 과학적 사고가 단순히 세상을 편리하게 하는 도구가 아니라 삶에 위안도 주는 행복의 열쇠요 선순환의 핵심 고리임을 보여 준다. 삶이 함께하는 과학을 이해하고자 하는 이들에게 꼭 필요한 책이다. 일독을 강력히 권한다.

곽태영(주식 회사 랩토 대표 이사) 별먼지에서 시작된 우리가 진화해 온 여정을 생각하면 경이롭습니다. 그런데도 우리는 이 세계가 정확히 무엇인지 모르는 채로 살아갑니다. 대부분의 시간을 살아가는 문제에 집중합니다. 하지만 잠시 멈추어 과학이 들려주는 놀라운 이야기에 귀를 기울여 보는 것은 어떨까요? 과학을 통해 본 이 세계는 우리가 생각한 것과 너무나도 다릅니다. 그렇다면 우리 인생도 우리 생각처럼 달라지지 않을까요? 장대익 교수와 이명현 박사가 오랜 시간 동안 깊이 고민한『별먼지와 잔가지의 과학 인생 학교』가 이러한 탐구의 시작이라는 것은 의심할 여지가 없습니다.

궤도(과학 커뮤니케이터, 작가) 인생은 하나의 점이 아니라 무한하게 긴 선이다. 정해진 장소에 고정된 마침표처럼 보이지만, 결국 어딘가로 흘러가는 흐름에 가깝다. 평범한 삶을 살고 싶다면 그대로 흘러가면 충분하다. 하지만 문득 특별한 기회를 통해 전혀 새로운 세상으로 나아가고 싶다면 긴 호흡의 변화를 시작해 보자. 지루한 일상에 거대한 파문을 일으킬 수 있는 유일한 방법은 아마 과학일 것이다. 이를 통해 우리의 사고 체계와 주변을 바라보는 시선을 완전히 바꿀 수 있다. 이제 과학이라는 인생을 가르치는 학교를 만나 볼 시간이다.

권석민(강원 대학교 과학 교육학부 교수) 학문의 진정한 가치는 무엇인가? 이 질문에 대한 가장 그럴듯한 답은 "학문은 인간을 자유롭게 한다." 라고 말할 수 있을 것이다. 여러 학문 중에서 과학이야말로 이러한 명제에 가장 충실하게 부합하는 영역이라 할 것이다. 자연 현상에 대한 무지에서 오는 두려움이나 낯섦을 과학 지식을 통해 해소할 때, 비로소 인간의 사고와 행동이 더 넓어지고 자유로워지는 것이고 이는 곧 창의성과 직결된다고 하겠다. 바로 이러한 측면에서 과학적 사고야말로 우리가 살아가면서 지녀야 할 중요한 가치가 아닐까 한다.

김기상(국립 어린이 과학관 전문관) 과학은 지식이기도 하지만, 질문을 던지고 답을 찾는 과정인 동시에 그렇게 얻은 지식의 체계이기도 합니다. 과학을 공부한다는 것은 지식뿐 아니라 과학적 사고 방식을 체화하는 것이라는 얘기지요. 과학은 현재의 지식을 절대적인 진리로 생각하지 않고 새로운 증거와 이론을 개방적인 자세로 수용하는 것, 비판적으로 검토하는 것을 중요시합니다. 그리고 이러한 과학적 사고 방식과 태도는 민주적 의사 결정 방식과도 많은 특성을 공유합니다. 더 나은 세상을 위해 어떤 사실을 무비판적으로 받아들이기보다는 객관적인 근거를 토대로 비판적으로 검토하는 태도가 필요하고, 과학 공부는 우리가 공동체의 일원으로서, 더 나은 사람으로 살아갈 수 있게 해 줍니다. 그렇게 되면, 우리의 인생도 더 나아지겠지요? :)

김민수(CJ ENM 프로듀서) 이명현 박사님의 언어는 늘 쉽고 간결합니다. 그리고 우리의 마음을 두근거리게 하는 울림이 있습니다. 그런 박사님의 언어를 따라 수시로 하늘을 올려다보며 뼛속까지 문과생이었던 저는 살면서 강산이 네 번(?)이나 변한 지금에서야 '과학'이라는 새로운 문을 열어 볼 용기를 낼 수 있었습니다. 어쩐지 어렵고 낯설다는 두려움보다 기대와 설렘이 가득합니다. 마음의 장벽을 허물어 준 이명현 박사님의 이야기가 가진 힘 덕분이겠지요. 때문에 이명현 박사님께서 장대익 교수님과 함께하신 『별먼지와 잔가지의 과학 인생 학교』가 더욱 기대가 됩니다. 과학과 인생을 하나로 꿰어서 어떤 깨달음을 주실지, 또 그 길은 얼마나 신나고 즐거울지. 그래서 저는 기꺼이! 과학을 통해 인생의 의미를 찾아가기 위한 두 분의 초대장에 응하려고 합니다. 여러분도 함께할 준비가 되셨나요?

김범준(성균관 대학교 물리학과 교수) 구름은 왜 아래로 안 떨어져요? 양자 역학은 도대체 어디 쓰나요? 사람들이 과학에 묻는 좋은 질문이다. 물론 자연을 설명하고 현실에 응용되지만, 과학은 이보다 더 크다. 이 광막한 우주에서 우리가 어떤 별먼지인지, 이토록 아름다운 생명의 나무에서 우리가 어떤 잔가지인지도 알려준다. 존경하는 두 분, 이명현, 장대익 선생님이 함께 멋진 책을 냈다. 진심으로 축하드린다.

김병민(한림 대학교 반도체·디스플레이 스쿨 겸임 교수) 과학을 알아야 할까? 무기력과 허무는 우리 삶을 수시로 방문한다. 실존에 대한 답을 과학에서만 찾을 수 있는 것은 아니다. 오히려 우주 흙먼지로의 회귀를 깨닫는 순간 허무는 깊어질 수 있다. 상실의 시대에서 회복하고 빛나는 존재로 되는 건 모든 것을 알아서가 아니라 하나의 진실로 '유레카 모멘텀'을 맞이하는 순간이다. 과학은 그 순간과 함께 삶의 강력한 '하드캐리'를 제공하는 기본 재료이다.

김정훈(과학 크리에이터) 수없이 많은 과학 콘텐츠가 각종 플랫폼을 통해 양산되고 있는 요즘입니다. 덕분에 대중 문화 안에서 과학의 위상이 사뭇 높아진 것 같아 과학 크리에이터로서 내심 뿌듯함을 느낍니다. 그러면서도 한편으론 과학이 우리 삶과 어떻게 맞닿아 있고, 행복하고 현명한 삶을 영위해 나가는 데 있어 어떤 메시지를 던져 주는지에 대한 깊은 고민이 담긴 콘텐츠는 부족하다는 걸 느끼곤 합니다. 이 책은 그 빈 공간을 잘 채워 주고 있습니다. 엉뚱하면서도 심오한 인생 질문에 합리적인 답을 찾아가는 두 과학자의 여정을 응원하며, 많은 분이 그 여정에 동참해 즐기길 바랍니다. 이 책을 통해 인생과 세상을 보는 틀로써 과학이 자리 잡길 바라며……

김창규(SF 작가) 과학을 공부하면 관계와 상호 작용으로 이루어진 세계의 얼개를 제대로 알아볼 수 있고, 다시는 안개와 불투명한 장막으로 가려졌던 옛 삶으로 돌아갈 수 없습니다. 저는 과학이라는 눈으로 세계를 보고자 노력한 덕분에 소설가가 되었고, 이제 그 이전 삶으로는 돌아갈 수 없습니다.

김초엽(SF 작가) 어린 시절, 저는 이 세계가 정답 없는 질문으로 가득 차 있다는 사실이 혼란스러웠습니다. '어차피 인간 내면에도, 인간 사이에도 답은 없는데, 왜 모두가 답을 찾을 수 없는 질문에 몰두할까?' 그때 만난 과학은 제게 말해 주었습니다. 수천 년이 흘러도 알아낼 수 없을 미지의 것들이 저 밖에 펼쳐져 있지만, 그래도 우리는 그것을 향해 나아가고 무지의 경계를 더듬어 볼 수 있다고. 그것은 지각하는 생물로서의 특권이라고. 그게 제 가치관의 바탕이 되었습니다.

김태호(전북 대학교 한국 과학 문명학 연구소 교수) 과학을 몸에 익히고 그 눈으로 사람과 세상을 보면, 속거나 휘둘리는 일을 줄일 수 있다. 과학은 어려운 지식 뭉치로 나를 겁박하는 것이 아니라, 내가 내 삶의 주인이 되도록 도와줄 수 있다.

김항배(한양 대학교 물리학과 교수) 제 직업은 물리학자이지만 부업으로 빅 히스토리를 공부합니다. 빅 히스토리는 우리가 우주에 어떤 과정을 거쳐 존재하게 됐는지를 과학적 사실에 근거해서 펼쳐 보여 주는 우주, 지구, 생명, 문명의 역사 이야기입니다. 빅 히스토리를 공부하면서 생명체로서의 내 존재와 내가 살고 있는 문명 사회의 기저에 깔린 다양한 과학 이야기를 접할 수 있었습니다. 과학은 우주에 우리가 존재하는 의미를 허무하게 만들지 않습니다. 과학에는 그 어떤 신화보다도 흥미로운 이야기가 있습니다. 그리고 여기 환상적인 천문학자와 진화학자의 조합이 있습니다. 이명현, 장대익 두 분은 제가 빅 히스토리에 입문하면서 만났고, 과학책방 갈다에서도 같이 활동했습니다. 이 두 분의 조합이라면 과학 이야기로 인생의 의미와 가치를 깨닫고 행복해질 수 있다고 믿습니다.

리사 손(컬럼비아 대학교 버나드 칼리지 심리학과 교수) 우리는 모두 과학자입니다. 많은 사람이 이 진술에 동의하지 않을 수도 있지만, 이 책은 이 진술이 왜 진실인지를 보여 줍니다. 인간은 우리가 어떻게 진화했고 무엇이 빅뱅을 일으켰는지 알고 싶어 하지만, 더 근본적으로, 왜 우리가 궁금해하는지 알고 싶어 합니다. 저자들은 메타인지적 관점을 사용하여 우리를 과학적 사고와 문제 해결을 연결하는 여행으로 데려가고, 우리 각자가 고통을 겪고 믿음이 변하는 동안에도 회복력을 보일 수 있도록 합니다. 과학에 아름다움, 철학, 그리고 숭고한 정신 같은 것을 부여함으로써, 이 책은 우리 각자가 새로운 행복을 발견하도록 만들 것입니다.

박상준(서울 SF 아카이브 대표) 과학을 공부하면 100퍼센트 인생이 바뀝니다! 과학은 세상을 가장 넓게, 또 깊게 볼 수 있는 최고의 도구입니다. 캄캄한 길을 가는데 손으로 더듬으며 기어갈지, 환한 손전등을 들고 걸어갈지 선택해야 한다면 답은 무엇이겠습니까? 과학 공부는 인생의 앞길을 밝혀 줍니다. 이러한 과학 공부는 과학 지식을 많이 아는 것보다 과학적 사고 방식을 익히는 것이 핵심입니다. 과학적 사고 방식은 나 스스로의 드라마틱한 변화를 경험하게 해 줍니다.

박인규(서울 시립 대학교 물리학과 교수) 어느 때부터인지 몰라도, 자연대로 진학하려는 새내기들의 자소서에 "과학 커뮤니케이터"란 말이 자주 등장하기 시작했다. 한 10여 년 전까지만 해도, 장래에 "노벨상을 받는 과학자가 되겠다.", "대학 교수가 되고 싶다.", "NASA의 연구원이 되겠다." 등등이 주류를 이뤘지만, 이제는 '과학 커뮤니케이터'가 그 사이에 당당히 자리 잡고 있다. 유튜브에도 과학 채널이 빠르게 늘고 있다. 과학은 이제 사회를 이해하고 그 속에서 살아가기 위한 필수 교양이 되었다.

그런데 정작 과학 지식을 달달 암기하고 나면 내 교양이 늘어나는 걸까? 늘어난 교양은 내 삶에 어떤 도움이 될까? 삶에 도움이 된다는 것은 무엇일까? 과학이 내게 정신적 안락을 줄 수 있나, 아니면 물질적 풍요를 줄 수 있나? 사실, 이런 질문들을 파고드는 과학 커뮤니케이터들은 없었다. 지금 이 글을 쓰고 있는 나도 대학에서 학생들에게 물리학을 가르치면서, 이런 질문을 수업 시간에 꺼내 놓지는 않는다. 그저 하나라도 더 많은 지식을 전달하기 위해 진도 나가기에 급급할 뿐.

여기 천문학자 이명현과 과학 철학자 장대익의 답변이 있다. 교과서를 통해, 유튜브를 통해, 대학 강단에서 들을 수 없었던 '과학과 나'에 대한 고민과 거기서 얻어진 통찰들을 만나는 학교다. 『별면지와 잔가지의 과학 인생 학교』, 새 봄을 기다리며 긴 겨울밤에 함께할 책이다.

박정희(푸른꿈 고등학교 교장) 어쩌다 교장이 된 나는 지금 전북 무주군의 한 고등학교에서 매일 매일 학생들과 배움의 즐거움과 삶의 의미를 찾는 시공간을 함께하고 있다. '자연을 닮은 사람'을 키워내는 학교의 교육 목표에서 가장 중요한 것은 자연을 이해하는 힘이다. 그 바탕에 가장 중요한 과목은 '과학'이다. 과학을 공부하면 인생이 화~악 바뀐다. 정말이냐고? 당연하다. 인간이 과학을 배우고 이해하지 못했다면 우리는 여전히 1만 년 전처럼 먹기 위해 초목을 캐며 어렵고 힘들게 살고 있거나 비 오게 해 달라고 바쳐지는 산 제물로 끝나는 인생일지도. 과장이 아니다. 과학을 모르고 과학적 사고를 못 해 집안, 지역 사회, 국가가 어려움을 겪는 것은 21세기에도 여전하지 않은가. 그러니 천문학자(이명현)와 진화학자(장대익)의 『별먼지와 잔가지의 과학 인생 학교』를 우리가 반드시 읽고 이를 통해 과학을 이해하고 더 깊게 탐구해야만 한다. 남은 생을 행복하게 살기 위해서라도.

박종현(딥이모션 대표) 저는 고등학교 시절 읽었던 『코스모스』를 통해 우주와 역사에 대한 관심을 가지게 되었습니다. 상상하기조차 힘든 그 깊고 넓은 세계에 대한 끝없는 관심은 소프트웨어 개발자로 일하고 있는 제게 또 다른 활력소이자 지적 호기심을 채워 주는 하나의 즐거움이었습니다. 우연찮은 기회에 이명현 박사님이 진행하는 '세티 프로젝트'에 참여할 수 있는 기회를 얻었고, 저는 과학자가 아님에도 기술자로서 과학이라는 영역에 접근할 수 있었고, 과학의 영역이 아주 먼 곳에 있지 않다는 사실을 알게 해 준 박사님께 감사와 존경의 마음을 가지게 되었습니다. 제가 아는 천문학자 이명현 박사님은 천문학 지식만을 이야기하는 것을 넘어 과학에 대한 사회적 시선을 바꾸기 위해 오랜 시간 다양한 매체에서 활동해 오셨습니다. 과학과 기술의 만남을 통해 제게 감동을 주셨고, 제 인생에 과학이 스며들 수 있게 해 주신 것처럼 『별먼지와 잔가지의 과학 인생 학교』가 이 책을 접하게 될 많은 독자들에게도 똑같은 감동을 줄 것이라 생각합니다. 응원합니다!

박지은(마음모음 대표) 말보다 행동이 앞서는 사람. 말만큼 글이 아름다운 사람. 말도 못 하게 인간적인 사람. 저자들에게서 발견되는 공통 분모를 개인적으로 정의한 것입니다. 인간미 넘치는 이 사람(들)이 외치는 과학은 얼마나 더 어여뻐질까요? 과학을 공부하면 행복해질 수 있다니, 마치 물에 뛰어들면 숨을 쉴 수 있다는 이야기로 들립니다. 책을 읽기 전에 던지던 질문의 수준과 지금 던지는 질문의 질이 달라졌음을 느낍니다. 궁금한 것이 더욱 많아졌습니다. 이것이 저자들의 노림수였을까요? 분명한 것은, 이 책은 긴 여정의 시작으로 보인다는 점입니다. 내가 나를 사랑하는 방식, 타인과 공감하고 만물과 공존하는 삶의 방식에 대해 저자들과 계속해서 이야기하고 싶고 궁금해 미칠 것 같으니 말입니다.

밥장(작가, 일러스트레이터, 갈다 통영 지부장) 과학은 지식이나 진리(혹은 방정식)보다는 그걸 찾아가는 태도에 가깝다. 건강한 몸이 바른 자세에서 시작하듯 건강한 정신 역시 올바른 태도에서 비롯된다. 두 분을, 두 분 덕분에 알게 되어서 천만다행이다.

백두성((주)그래디언트 수석) 과학자는 우리가 막연하게 생각하는 스테레오타입의 가운을 입은 실험실의 연구자만 있는 것이 아닙니다. 이론을 연구하거나 실험을 할 수도 있고, 시민들이 쉽게 이해할 수 있도록 과학을 풀어서 설명할 수도 있습니다. 저는 과학관에서 과학

전시와 과학 강연, 과학 탐사 등의 프로그램을 통해 많은 시민을 만났습니다. 그들로부터 "알고 보니 과학이 재미있더라.", "우리 주변의 많은 것이 과학을 알면 더 잘 이해되더라."라는 이야기를 들었습니다. 과학을 알면 세상은 더 즐거워집니다.

손승우(한양 대학교 응용 물리학과 교수) 이명현, 장대익의 『별먼지와 잔가지의 과학 인생 학교』에서 던지는 질문들을 읽으며, '나는 어떻게 과학자가 되었고, 나는 과학으로 인하여 행복한가?' 생각해 보게 된다. 어릴 적, 처음 보는 신기한 것들이 주는 경이, 이에 대하여 끊임없이 설명하는 과학, 다시 새롭게 떠오르는 질문과 호기심은 자연스럽게 나를 과학자의 길로 이끌었다. 대학에서는 파편화된 지식들이 서로 만나고 이를 일관되게 설명하려는 즐거움이 있다. 역사책을 읽다 연대표를 처음 보고서 서로 독립된 사건인 줄 알았던 것이 서로의 원인과 결과가 되어 만나는 것을 배운 경험이 있을 것이다. 역사에 연표가 있다면, 과학에는 수학이 있다. 미분으로 기술되고 적분으로 설명되는 세상의 흐름, 차분으로 나열되는 각각의 값들이 주는 의미, 그리고 서로 다른 과학이 만나는 순간을 아는 것은 새로운 맛에 눈을 떠 이를 계속 탐닉하는 것과 같다. '과학으로 인하여 행복하냐고?' 나에게 이 질문은 '귀한 음식을 대접받았을 때 행복한가?' 묻는 것과 다르지 않다.

송기원(연세 대학교 생화학과 교수) 어른들이 일러 주는 대로 아무리 착하게 살아도 언젠가 죽는다는 것을 어느 날 갑자기 알게 된 일곱 살 아이가 있었습니다. 그 아이는 밤에 잠이 깰 때마다 어쩔 줄 몰라 혼자 울고 말았지요. 그리고 '왜 그럴 수밖에 없을까?' 이 질문을 어른들 몰래 마음속에 품고 자랐습니다. 아이는 그 후 오랜 시간 생명 과학을 공부하며 조금씩 답을 찾아가면서 마음이 편안해졌습니다. 그 아이가 바로 접니다. 누군가 10대나 20대의 저에게 『별먼지와 잔가지의 과학 인생 학교』 같은 책을 건네주었더라면 이렇게 긴 시간 그 답을 찾기 위해 돌아오지 않아도 되었을 텐데……. 이런 책이 지금에야 나온 것이 너무 아쉽고 이제라도 나온다니 너무 감사합니다.

송민령(KAIST 연구원) 과학은 절대 불변의 진리는 아니지만 인류가 가진 지금으로서는 최선인 지식이다. 그래서 과학은 나를 사랑하는 최고의 방법이다. 인류가 가진 최선의 지식에 따라 현명하게 살아가도록 도와줄 뿐만 아니라 자신과 세상을 새롭게 바라보게 해 주기 때문이다. 하지만 많은 사람이 이 사실을 알지 못한다. 잠깐의 호기심을 채워 줄 도구, 경제 발전의 수단, 빛나지만 나와는 먼 이야기 정도로 과학을 바라볼 뿐이다. 이 책을 통해 과학으로 나를 사랑하는 방법을 챙겨 가시길 바란다.

송인옥(KAIST 부설 한국 과학 영재 학교 교사) 인생에서 사라지는 것들의 아쉬움과 유구한 것들의 안정감을 때때로 느낀다. 대학생 때는 친구들과 삐삐로 연락하다가, 한때는 동전 떨어지는 소리가 폭포수 같던 국제 공중 전화로, 그리고 지금은 스마트폰으로 편하게 연락하게 된다. 사라져 가는 일상에 대한 아쉬움이 남는다. 한편으로는 하늘의 달은 언제나 거기에 있다. 친구가 멀리 가도, 낯선 외국 도시에 가도 달은 그대로 있다. 아주 큰 안정감을 준다. 과학은 새로운 것에 대한 흥분을 주기도 하고, 인류가 자연을 인식하고 있다는 안정감을 주기도 한다. 인생이 풍요로워진다고나 할까.

송인한(연세 대학교 ICONS 융합 아카데미 소장) 그야말로 불확실성의 시대다. 매일 쏟아지는 정보에 오히려 진실은 가려지고, 하루가 멀다 하고 새롭게 개발되는 기술은 오히려 미래 예측을 어렵게 만든다. 게다가 우리가 직면하고 있는는 기후 위기, 불평등, 문명 질서의 파괴 같은 거대한 문제는 기존의 과학 지식만으로는 해결이 불가능하다.

불확실성으로 불안감을 느낄 때, 인간은 대개 둘 중 하나를 택한다. 주술 혹은 과학. 안으로는 인간 유전자 지도가 해석되고 바깥으로는 인류가 만든 비행체가 태양계를 넘어 날아가는 시대지만 여전히 많은 이들이 주술에 휘둘리는 이유다. 반면 과학을 통해 인간은 과거와 현재를 이해하고 설명하며 미래를 예측할 이성을 가질 수 있다. 불확실성이 커지는 시대에 과학적 인간성이 힘을 갖지 못하면 주술과 비이성이 더 세상을 지배할 게 자명하다.

물론 때로 과학으로 인한 부작용이 생기기도 한다. 한 분야의 전문성만으로 다른 영역을 설명하다 보니 무리수가 생기기도 하고, 인간을 고려하지 않은 독단적인 기술은 뜻하지 않은 사회 문제도 만든다. 그러나 이 책의 저자 이명현과 장대익은 한 분야에 갇힌 과학 전문가가 아니라, 과학을 통해 인간과 세상을 이해하고 끊임없이 소통하는, 열린 과학인이자 매력적인 지성인이다. '융합'이라는 단어가 남발된 세상에서 식상한 표현일 수도 있겠지만, 분야의 경계와 벽을 넘어 새로움을 만드는 이들의 작업이야말로 진정한 융합이 아닐까.『별먼지와 잔가지의 과학 인생 학교』가 해 나갈 멋진 작업이 기대된다. 불확실성의 세상을 견뎌낼 희망이다.

신인철(한양 대학교 생명 과학과 교수) 인간의 세포는 약 2만 개 정도의 유전자를 가지고 있습니다. 한 사람의 신경 세포도, 근육 세포도, 지방 세포도, 상피 세포도 모두 같은 개수의 동일한 유전자를 가지고 있습니다. 하지만 무엇이 이들을 서로 다른 기능을 하는 세포로 만드는 것일까요? 똑같이 주어진 2만 개의 유전자 중 어떤 유전자를 발현시키느냐에 따라 어떤 세포로 바뀌는가의 운명이 결정됩니다. 우리가 배워야 할 지식도 세포에게 공평하게 주어진 유전자처럼 우리 모두의 앞에 평등하게 펼쳐져 있습니다. 각종 미디어와 기술의 발달로 더 이상 지식에 대한 접근의 한계는 존재하지 않습니다. 그렇다면 어떤 지식을 배우는 것이 좋을까요? 저는 과학 공부를 추천합니다.

세포가 특정 유전자를 발현시키면 특정한 기능을 가지게 되듯이 과학 공부를 통하여 우리는 논리적이고 이성적이면서, 횡행하는 사이비 과학과 가짜 정보에 휘둘리지 않는 인간으로 변신할 수 있습니다.

엑소(과학 커뮤니케이터) 과학 공부란 뭘까요? 과학적 지식을 머릿속에 많이 넣는 것일까요? 아니면 과학적인 사고를 가지고 세상을 바라보는 것일까요? 저는 과학 커뮤니케이터로 처음 활동할 때만 해도 전자를 중요시하면서 최대한 많은 지식을 넣고자 하였습니다. 하지만 활동을 하면 할수록 제 기준의 정답은 후자에 가까워지더군요. 이제는 생성형 AI가 모든 답을 말해 주는 시대입니다. 이것과 더불어 많은 매체에서 과학적 이슈와 관련된 기사들이 쏟아지지만 생각보다 많은 기사가 왜곡되어 있고 객관적이지 못합니다. 결국 단순 지식을 많이 알고 있는 것보다는 과학적 사고를 함으로써 옳은 지식과 잘못된 지식을 가려낼 줄 아는 안목과 태도가 중요한 시대라는 거죠. 답을 말해 주는 시대……. 이제는 훌륭한 질문을 던지는 자세가 훌륭한 답을 얻게 되는 시대가 되었습니다. 그런 의미에서 과학이라는 도구야말로 세상을 올바르게 살아갈 방향성을 제시해 주는 것이 아닐까 생각합니다. 나아가 다수 대중이 과학적 사고를 하면, 대한민국 전체가 올바른 방향으로 나아가는 밑거름이 될 것입니다. 그런 의미에서 『별먼지와 잔가지의 과학 인생 학교』 같은 책이 우리 시대에 꼭 필요하다고 생각합니다.

예병일(연세 대학교 원주 의과 대학 의학 교육학 교실 교수) 뉴턴은 빛이 직진한다고 했지만 아인슈타인은 빛이 중력에 의해 휘어질 거라 했고, 에딩턴이 이를 증명했다. 돌턴은 원자가 더 이상 깨지지 않는다고 했지만 사이클로트론은 원자를 깰 수 있다. 과학의 진리는 영원하지 않지만 『과학에는 뭔가 특별한 것이 있다』라는 책을 쓴 장대익이 이명현과 힘을 합쳐 과학이 인생을 바꿀 수 있을 거라 한다. 그들이 어떤 이야기 보따리를 풀어놓을지 기대가 된다.

원병묵(성균관 대학교 신소재 공학부 교수) 예, 바뀝니다. 과학 공부 덕분에 인생이 바뀐 대표적인 사람이 바로 접니다. 저는 석사 과정 때 공부 대신 연애를 해서 과학 공부를 잘 못 했고 석사를 마치고 회사에 들어가 현장에서 과학을 배웠습니다. 그 후 다시 박사 과정에 들어가서야 과학 공부를 제대로 할 수 있었습니다. 박사를 마친 후에는 세계 최고의 연구 그룹이었던 하버드 대학교 물리학과에 박사 후 연구원으로 갈 수 있었고……, 지금의 제가 될 수 있었습니다. 과학 공부 열심히 하세요! 인생이 바뀝니다.

윤서연(과학책방 갈다 주주) 메이커스페이스와 해커스페이스를 통해서 (정작 석·박사 때는 느끼지 못한) 과학이 인생을 바꾼다는 것을 느꼈고, 그것을 통해 인연도 많이 만들었는데 그중에 어슬렁 님이 있네요. 과학 분야에서 일하고 있는 저로서는 너무나도 당연한 이야기를 어찌

써야 하나 싶기도 하고, 당연하니까 더욱더 쓸거리가 확 잡히지 않아서 이렇게 딸 하나의 대답으로 대신합니다. "당신들(과학)은 백신을 만들었고, 그것은 사람들의 생명을 구했다. 그리고 세계가 살아남게 돕는다. (You can make vaccines, it can save people's lives, and you could help the worlds survive.)"

윤성철(서울 대학교 물리·천문학부 교수) 어린 시절 내가 천문학에 사로잡힌 이유는 인간이 왜 여기 존재하며 무엇을 위해 살아야 하는지에 관한 궁극적 질문에 우주의 탐구가 중요한 실마리를 줄 수 있을 것이라 믿었기 때문이다. 지금도 이 중2병적인(?) 생각에 전혀 변함이 없다. 과학의 영역은 가치나 의미를 배제한 중립적 사실에 머물러야 한다는 주장만큼 과학을 향한 청소년들의 꿈을 박탈하는 일이 또 있을까?

이강수(ESC 기획팀장) 2018년, 시민 단체 ESC는 경제에 종속된 과학 기술 헌법 조항을 삭제하고, 국가의 학술 활동과 기초 연구를 촉진하는 신규 조항을 국회에 제안했습니다. 오랜 기간 우리 사회는 과학을 경제 발전과 문제 해결의 수단으로 바라보았습니다. 그러나 과학은 사유의 과정에서 얻을 수 있는 지혜와 누구나 즐길 수 있는 향유의 자산으로 더 확장된 가치를 지닙니다. 『별먼지와 잔가지의 과학 인생 학교』의 출간은 그런 의미에서 우리 사회가 한정했던 과학적 가치와 세계관을 확장하는 의미 있는 일이 될 것입니다.

이강영(경상 대학교 사범 대학 교수) 과학이 인생에 어떤 의미가 있는지에 관한 책이라니, 과학자라는 이름을 달고, 과학을 가르치는 일로 살아가는 저 같은 사람이 제일 먼저 읽어야 할 책이 아닌가 하는 생각이 맨 먼저 들었습니다. 모든 사람이 다 같이 읽고 토론해 보는 시간을 가지고 싶어지는 책입니다. 두 분의 간증에 응원과 지지를 보냅니다.

이강환(전 서대문 자연사 박물관 관장) "21세기의 핵심 교양은 과학이다." 이제 이 말을 받아들일 때가 되었다고 생각합니다. 이미 과학은 과거 종교와 철학이 던졌던 많은 질문에 대한 답을 제시하고 있습니다. 인간은 '별먼지'이고 '생명의 잔가지'입니다. 과학이 세상을 새로운 눈으로 보는 데 얼마나 큰 도움이 될 수 있는지, 나의 인생을 얼마나 바꿀 수 있는지 알 수 있는 기회를 가져 보시기 바랍니다.

이권우(도서 평론가) 과학은 질문이다. 그 질문의 스펙트럼은 넓디넓은 바, 우리의 실존에 대한 궁극적 이해도 포함된다. 하나, 분명히 의심할 터. '과학이 인생살이를 이해하는 데 무슨 혜안을 줄 수 있는가?'라고. 아, 의심 많은 도마의 후예여, 이 책을 읽어 보시라. 연약하지만 고고하고, 미미하지만 위대한 인생의 비의를 '과학적'으로 깨닫게 되리라!

이대영(KAIST 항공우주공학과 교수) 많은 사람이 과학은 차가운 것이라고 이야기합니다. 과학은 진리를 찾아가는 등대이기에 우리의 삶과는 먼 존재라고 이야기합니다. 하지만 우리는 세상의 진리를 통해 우리의 삶을 좀 더 이해할 수 있고 더 멀리 바라볼 수 있다고 믿습니다. 더 많은 사람이 사람을 위한 과학으로부터 위로받을 수 있기를 바랍니다. 따뜻한 과학을 만들기 위한 노력에 감사 드립니다.

이대한(성균관대학교 생명과학과 교수) 과학에는 인간적 차원이 있다. 그 차원은 과학이 생산해 내는 지식의 차원과는 결이 다르다. 미신 가득한 세계를 파괴해 온 과학자들은 아이러니하게도 아무도 알지 못했던 우주와 생명을 원리를 발견할 때 종종 황홀경에 휩싸인다. 바로 그 황홀경이 일어나는 장소가 과학의 인간적 차원이며, 그곳에서 과학은 인간의 삶을 변화시킨다. 과학이 정말 삶을 바꿀 수 있는지 의심스럽다면 여기, 우주라는 새로운 성전에서 외치는 별먼지와 잔가지의 간증을 들어 보자.

'과학 공부한다고 인생이 바뀌겠어?'라는 질문에 대해서. 누군가를 사랑하면 그를 닮아 간다. 과학에 대한 나의 사랑은 나를 바꾸고 내 인생을 바꾸었다. 진화를 공부하며 나는 경이로운 다양성을 폭발시키는 생명에 매혹되었으며, 그 생명의 힘을 내 삶 안에서 흉내 내려 해 왔다. 그 덕분에 더 포용적인 사람이 되었고, 더 창조적인 사람이 되었다.

이한음(번역가) '과학 공부한다고 인생이 바뀌겠어?' 인생만 바뀌는 것이 아니다. 다른 이들의 삶과 무수한 지구 생명들의 삶까지 바뀔 수 있다. 더 멀리 바라보면 우주까지도 바뀔 수 있다.

이미영(과학 콘텐츠 그룹 갈다 총괄 디렉터) 인문 사회 과학책을 읽으며 세상의 빌런들과 시스템의 폐해를 알아 가며 분노했습니다. 알면 알수록 세상에는 답이 없고 싸움만 가득하다는 생각이 들 때쯤 과학과 그 책들을 읽게 되면서 그동안 굳이 싸울 필요 없는 것까지 쓸데없이 많이 싸우고 분노하고 있다는 사실을 알게 되었습니다. 과학의 눈으로 세상의 진실을 직시하고 한계를 확인해야만 앞으로 나아갈 길이 보인다는 것을 알게 된 것은 과학 공부를 하고 인생이 바뀌는 경험이었습니다. 과학 공부로 분노를 내려놓고 마음이 편안해지는 것을 모두 느껴 보셨으면 합니다.

이상곤(모어사이언스 대표) 과학 공부는 좋은 직업을 얻게 해 주고 지적 유희를 주기도 합니다. 이렇게 먹고사는 문제를 해결해 주거나 지적 유희를 주는 활동들은 과학 공부 외에도 꽤 있는 것 같습니다. 하지만 '나는 누구인가?', '어떻게 행복할까?', '죽음은 무엇일까?' 같은 큰 질문들과 관련해서 제게는 과학 공부가 가장 위안이 되었습니다. 그래서 빠진 과학 공부는 제 인생과 사고 체계를 완전히 바꾸었습니다. 과학 공부가 재미있다고 느끼게 된 우연에 감사합니다.

이수창(충남 대학교 천문 우주 과학과 교수) 우리 인간은 장구한 우주 역사의 결정체라고 천문학자들은 종종 이야기하곤 합니다. 우주의 탄생 이후 137억 년이라는 헤아릴 수 없는 긴 시간 동안 많은 별의 탄생과 죽음으로부터 무거운 원소들이 우주에 누적되었고, 이로부터 인간이 탄생할 수 있었으니까요.

저는 서정주 시인의 「국화 옆에서」를 읽으면 좋겠다는 생각이 듭니다. 가을철 한 송이 국화꽃 피우기 위해서도 봄과 여름이라는 긴 시간을 거쳐야 하고, 많은 자연 현상과 인연 들이 관여하게 된다는 걸 다시금 느끼게 해 주는 그 시 말입니다. 우주와 자연에서 모든 것들이 오랜 시간에 걸친 준비와 진통으로 탄생하듯이, 우리 인생의 모든 일도 다 그러할 것입니다. 단기간의 성과를 재촉하는 현대 사회에 사는 우리 모두 조급해하지 말고 긴 호흡을 하며 살면 좋겠습니다. 우주가 만물의 탄생을 위해 그리하였듯이.

천문학자와 진화학자 두 분이 고민하며 엮어 내신 『별먼지와 잔가지의 과학 인생 학교』가 현실 속 교실에서 전달하지 못했던 과학적인 위안과 아름다움을 우리에게 많이 줄 수 있기를 기대해 봅니다.

이용훈(도서관 문화 비평가) '과학 공부한다고 인생이 바뀌겠어?' 이런 도발적 질문을 만나면 금방 답하기 어렵다……. 과학 공부를 제대로 해 본 적이 없으니, 그랬다면 인생이 바뀌었을지 알 수가 없으니 말이다. 종종 이명현 박사와 장대익 교수와 만나 이야기를 들을 때마다

내 생각이 조금씩은 더 넓어지고 정확해지고 단단해지는 걸 알았다. 그러니 이제부터라도 과학을 제대로 공부해 본다면 분명 인생이 조금은 달라질 것이라고 확신한다. 과학 공부하자!

이은희(하리하라, 과학 커뮤니케이터) 처음 과학을 배우기 시작할 때는 과학이 답을 준다는 이유로 좋았습니다. 왜 별이 반짝반짝 빛나는 것처럼 보이는지, 어떻게 박쥐가 그렇게 어두운 동굴 속에서도 부딪치지 않고 날아다니는지, 가방에 묻은 얼룩을 지우기 위해서는 무엇을 이용하면 좋은지 등등 답을 알려주는 범위도 사소한 것에서 거대한 대상까지 가리지 않았고요. 그렇게 답을 아는 사람이 되고 싶었습니다.

본격적으로 과학을 공부하기 시작하면서는 과학이 함부로 답을 주지 않는다는 이유로 좋아졌습니다. 과학은 아직 밝혀지지 않은 것에 대해서는 말을 아꼈고, 어떤 답이든 '현재까지 우리가 알고 있는 범위 내에서는 그럴 가능성이 매우 높다.'는 입장을 취했으니까요. 자신의 위치와 한계를 알고, 그 너머를 더 알고자 나아가는 모습은 매우 현명하고 진취적으로 보였습니다. 그런 마음가짐을 잃지 않는 사람이 되고 싶었습니다.

과학 공부한다고 인생이 바뀌겠냐고요? 적어도 그런 사람이 여기 하나는 있답니다. 여러분도 그럴지 아닐지 한 번쯤 확인해 보시는 건 어떨까요?

이정모(펭귄 각종 과학관 관장) 과학이 무엇이냐는 질문에는 저마다 다른 답을 줄 수 있습니다. 한 가지 분명한 것은 과학은 진리가 아니라는 것입니다. 의심에 대한 잠정적인 답일 뿐이죠. 인생이란 무엇일까요? 인생도 마찬가지로 진리 같은 답은 없을 것입니다. 두 과학자가 풀어내는 『별먼지와 잔가지의 과학 인생 학교』에 대한 또 다른 의심을 던지는 기회를 함께 나누는 기쁨을 함께하기 바랍니다.

이정원(페블러스 대표) 80억 현대인이 가진 세계관은 저마다 다르다. 하지만 대다수가 공유하는 공통 분모는 있어야 혼란에 빠지지 않는다. 우리는 세계관을 바탕으로 사고하고 판단하며 타인과 관계를 맺고 의사 소통하기 때문이다. 인류 역사 이래 그 공통 분모의 자리를 두고 수많은 종교와 철학과 정치 사상들이 다투어 왔으나, 과학이 비집고 들어갈 자리는 없었다. 하지만 이제는 때가 되었나 보다. 과학적 세계관에 기대어 인생을 관조하고 우주를 탐미하는 별먼지와 잔가지 들이 꽤나 멋져 보이지 않는가.

이종범(웹툰 작가) 과학 공부가 인생을 바꿔 주지는 못할 수 있습니다. 하지만 적어도 약한 본성의 인류가 타고난 한계를 아주 많은 부분 보정해 준 것만으로도 과학 공부는 인류 생존의 비결이었습니다.

장홍제(광운 대학교 화학과 교수) 자연스럽게 알게 되는 것들도 많지만,

공부해야만 알게 되는 사실들도 있습니다. 과학을 공부하는 것은 거창한 목적이 필요하지 않습니다. 감춰진 비밀을 찾고, 진리를 발견하며, 우주의 원리를 이해하려 부담 갖지 않아도 좋습니다. 단지 보고, 느끼고, 생각하는 새로운 방식을 배우는 것만으로도 삶의 다른 면을 볼 수 있으니까요. 과학을 공부하면 인생이 바뀝니다. 그중에서도 특히 화학.

전은지(KAIST 항공 우주 공학과 교수) 이미 과학자로 살아가고 있고, 여러 가지 문제를 풀고 있지만, 결국 과학자라는 족속이 원하는 것은 단한 가지임을 깨닫습니다. 그것은 나와 나를 둘러싼 이 세상의 과거와 현재를 철저히 이해하고 그것으로 미래의 우리를 예측해 보고자 하는 것입니다. 이 하나의 목표로 시작해서 누군가는 우주선을 개발하고 또 다른 누군가는 고래의 생태를 연구하며, 누군가는 리만 가설을 증명하고 있을 것입니다. 이 끊임없는 마라톤 속에서 '그래서 과학이 지금 우리에게 무엇인가?'에 대한 이야기를 누군가 찬찬히 해주었으면 좋겠다고 생각해 왔습니다. 드디어 그런 책이 출판된다는 소식에 몹시 기쁘게 기대하고 있습니다.

정인경(과학 저술가) "누가 과학 공부해서 인생 바꾼 사람 있어요?" 하면 나는 맨 앞줄에서 손 번쩍 들고 싶은 사람이다. 과학책방 갈다에서 매달 과학책을 고르고 읽는 것은 나 자신을 위해서다. 삶과 죽음의 실존적 의문에서 일, 사랑, 행복, 가족, 노화 등등 일상 생활의 시시콜콜한 문제까지 과학에서 길을 찾고 위로를 받는다. 더 많은 이들이 과학에서 구원받기를 바라는 사람으로서 이명현 대표와 장대익 교수의 『별먼지와 잔가지의 과학 인생 학교』 출간이 그리 반가울 수가 없다.

정지수(서대문 자연사 박물관 학예사) 저는 자연사 박물관 학예사로서 자연 과학을 사람들에게 전달하는 일을 업으로 하고 있습니다. 자연 속의 과학을 어떤 방식으로 전달할지에 대한 고민은 제 평생의 주요 관심사 중 하나입니다. 그래서 이 『별먼지와 잔가지의 과학 인생 학교』는 특별한 의미를 담고 있습니다. 독자들에게 과학적 사고와 실천에 대한 새로운 시각을 제공할 것으로 기대합니다. 또한 자연 속 과학의 본질을 새롭게 고찰하는 데 도움이 될 것으로 생각하고 있습니다.

조남석(UEL 무인 탐사 연구소 대표) '과학 공부한다고 인생이 바뀌겠어?' 우리 인류가 계속 살아가고 더욱 발전하기 위해서는 문화적, 사회적으로도 물론 성숙해져야 하지만 과학에 기반한 사고는 우리 인류가 발전할 수 있는 원동력이라고 생각합니다. 또한 과학은 질문에서 비롯된다고 생각합니다. 우리가 우리 인생에 대해 묻고 그에 대한 대답을 찾아 나가는 것이 우리 인생을 바꾸는 방법이지 않을까요?

주일우(서울 국제 도서전 대표) 장대익은 뜨거운 사람이다. 그는 사람이 할 수 있는 질문들에 대한 대답을 열정적으로 찾는 사람이다. 신에게서 답을 찾던 시절에도, 과학에서 답을 찾고 있는 지금도 한결같은 사람이다. 그가 찾는 답은 우리도 모두 찾고 있는 답이다. 그가 찾은 답이 무엇인지 정말 궁금하다. 그가 한 탐구의 여정과 거기서 얻은 수확을 나누어 가질 수 있다면, 그것은 큰 행운일 것이라 믿는다.

지식인 미나니(과학 크리에이터) 과학을 공부한다고 인생이 갑자기 달라지진 않는다. 물론 교과 성적이 높아질 순 있겠죠. 그런데 많진 않지만, 지금까지 살아와 본 경험상 무언가 선택을 할 때 남에게 또는 주변 분위기에 흔들리지 않는 것은 있습니다. 과학을 공부하다 보면 한 번쯤 '왜 그럴까?' '가능할까? 근거는 무엇일까?' 의심하고 질문하면서 남들이 무어라 말하든 나의 방향성에 맞는 결정을 할 수 있을 것입니다.

지웅배(연세 대학교 천문 우주학과 연구원) 가끔 버스 정류장에서 버스를 기다릴 때 나의 과학적 감각이 아직 잘 살아 있는지 확인해 보곤 한다. 멀리서 브레이크를 밟고 서서히 다가오는 버스의 움직임, 바퀴와 길의 마찰에 집중하면서 버스가 어디쯤에서 멈출지를 마음속으로 계산한다. 운 좋게 내가 딱 서 있는 자리에서 버스가 멈추면 기분 좋은 마음으로 빈 자리를 찾아 앉으면서 아직 죽지 않은 나의 과학적 감각에 안도한다. 내가 버스가 멈출 자리를 맞힐 수 있는 건 바로 과학이 갖고 있는 외삽(extrapolation)이라는 특징 덕분이다.

과학은 지금까지 벌어지고 있는 현상의 경향성이 계속 이어진다는 가정하에 미래에는 어떤 결과가 나올지를 예측한다. 제멋대로 변화하는 세상이라고 생각했던 자연과 우주를 이제는 충분히 예측 가능한 세계로 인식하게 되었다. 달이 태양을 가리는 일식은 더 이상 두려운 자연 재해가 아니다. 정확히 언제 어디서 볼 수 있을지까지 정확히 예측할 수 있는 멋진 구경거리다. 과학이 갖고 있는 외삽이라는 특징을 통해 우리는 쓸데없는 두려움으로부터 벗어나 편안하게 이 세상과 우주를 즐길 수 있게 되었다. 만약 우리에게 과학이 없었다면 우리가 지금껏 얼마나 많은 쓸데없는 두려움에 휩싸여 살아야 했을지, 나는 그 두려움이 두렵다.

최성연(동국 대학교 연구 교수) 오른손이 '올바른 손'으로 여겨지던 시절, 저는 왼손잡이로 성장했습니다. 어린 시절, 집에 있던 어린이용 테이블은 나와 오빠의 공간이었는데요. 그곳에서 마주 보고, 밥 먹고, 그림을 그리면서 왼손잡이가 되었어요. 그 테이블을 둘러싼 작은 세계 속에서 가족의 유대를 느끼고, 생존과 적응의 방법을 배웠습니다. 그리고 나중에 한 거울 뉴런, 발달 심리학에 대한 공부는 이런 모든 경험을 이해할 수 있는 기회가 되었습니다. 단순히 왼손의 기능을 넘어서, 나와 다른 사람과의 관계 형성에 어떤 영향을 주었는지를 깨

달을 수 있었고, 나를 넘어 세계를 바라보는 시작이 되었어요. 저에게 과학 공부는 나와 나를 둘러싼 세상과의 소통이고 나를 발견하는 탐험이에요. 천문학자와 진화학자의 과학 공부, 너무 궁금하고 기대됩니다.

최윤(고려 대학교 교양 교육원 연구 교수) 과학 기술과 사회의 관계에 대한 내 생각은 과학 기술에 대해서 관심을 갖고 고민하면 우리 일상이 바뀐다는 것이다. 그런데 이 책의 저자들은 과학을 공부하면 인생이 더 풍부해지고 행복해질 수 있다고 확언한다. 정말 인생이 그렇게 바뀔 수 있나, 갸우뚱하지만 이렇게 적극적인 영업에는 약간 속수무책. 궁금해서라도 책을 펼쳐 볼 수밖에 없다.

추서연(번역가) 우연히 과학책방 갈다를 알게 되고, 감사하게도 이명현 선생님 장대익 선생님과 과학책 읽기를 했던 게 벌써 4, 5년이 되었습니다. 책에서 다루려는 다정한 과학, 위안을 주는 스토리로서의 과학, 개인의 삶을 터치하는 과학은 언뜻 자가 당착인 듯 생각됩니다. 하지만 개인적으로 책을 함께 읽을 때 느꼈던 과학이 바로 그런 것이 아닐까 돌아봅니다. 과학을 통해 내 삶과 현대 사회에 질문을 던지고 살피고 고민하는 것, 때로는 정교한 논리에 쾌감을 느끼고 깨달음에 벅찬 감동을 느껴 보는 것. 오늘도 과학이 제 인생에 시나브로 스며듭니다.『별먼지와 잔가지의 과학 인생 학교』출간을 축하

드립니다.

해도연(SF 작가) 과학은 언제나 도구로 취급을 받아 왔다. 발전을 위한 과학, 편리한 생활을 위한 과학, 교양을 위한 과학, 명예와 자존심을 위한 과학, 입시를 위한 과학처럼. 하지만 과학은 우리의 삶과 세상을 향한 시선을 재발견하고 재구성하게 해 주는 철학이자 가치관이기도 하다. 과학적 사고와 태도를 통해 그려 낼 수 있는 아름답고 행복하며 풍성한 삶이 이 책을 통해 많은 사람에게 전달되기를 바란다.

황인준(천체 사진가) 내가 아는 한 가장 공간감 있게 자유로운 영혼의 천문학자인 이명현 박사가 우주를 말하고, 또 딱 봐도 알 수 있듯 가장 사람 좋은 진화학자인 장대익 박사가 생명을 이야기한다. 누구에게나 이 책은 대서사가 있으며 제법 서정적이고 또한 감동적일 것이다. 왜냐하면 "우리는 어디에서 왔는가?" 하는 질문에 대한 대답을 찾아가는 단초를 제공하는 책일 것이기 때문이다. 반드시 이 아름다운 책이 베스트셀러가 되어 어지러운 현 상황에 한 줄기 빛이 되어 주길 희망한다.

황정아(한국 천문 연구원 책임 연구원) 어린 시절 나는 꿈이 많았다. 여행가나 고고학자, 작가, 기자, 아나운서 등. 과학자가 후보 중 하나였는지 잘 기억이 나지 않지만, 인생의 중요한 결정을 해야 할 시점에서 내린 결정들이 오늘의 나를 있게 했다. 과학자를 직업으로 선택하지 않았으면 나는 지금쯤 무엇을 하고 있었을까 가끔 생각한다. 그래도 어딘가에서 열심히 살고 있지 않았을까 싶긴 한데, 지금처럼 많은 사람과 연결된 삶을 살았을지는 의문이다. 과학 하는 태도는 기본적으로 합리적인 의심을 하는 태도다. 내가 믿고 있는 모든 것들이 언젠가는 변할 수도 있다는 사실을 받아들이고, 주변의 다른 사람들과 소통하는 일, 끊임없이 새로운 사실을 연구하고 배우고 탐구하는 일. 내가 모르는 세상이, 나를 포함한 우주가 얼마나 광활한지 깨닫는 순간, 삶에 대한 나의 자세는 한없이 겸손해질 수밖에 없다. 기본적으로 다른 사람들이 하는 일, 다른 분야에 대해서 존경과 경외심을 가질 수밖에 없다. 과학 공부를 하면서 나는 내 인생 앞에 한없이 겸손해지고, 타인이 이루어 놓은 모든 성과에 대해서도 늘 감사하고 내가 할 수 없는 일들을 해 놓은 사람들을 존경한다. 과학 공부하면 인생은 바뀐다.

찾아보기

벌먼지와 잔가지의 과학 인생 학교

별먼지와 잔가지의 과학 인생 학교

별먼지와 잔가지의

과학
인생
학교

1판 1쇄 찍음 2023년 12월 15일
1판 1쇄 펴냄 2023년 12월 31일

지은이 이명현, 장대익
펴낸이 박상준
펴낸곳 (주)사이언스북스

출판등록 1997. 3. 24.(제16-1444호)
(06027) 서울시 강남구 도산대로1길 62
대표전화 515-2000, 팩시밀리 515-2007
편집부 517-4263, 팩시밀리 514-2329
www.sciencebooks.co.kr

ISBN 979-11-92908-32-8 03400